MÉMORIAL

DES

SCIENCES PHYSIQUES

PUBLIÉ SOUS LE PATRONAGE DE

L'ACADÉMIE DES SCIENCES DE PARIS

DES ACADÉMIES DE BELGRADE, BRUXELLES, BUCAREST, COIMBRE, CRACOVIE, KIEW,
MADRID, PRAGUE, ROME, STOCKHOLM (FONDATION MITTAG-LEFFLER),
AVEC LA COLLABORATION DE NOMBREUX SAVANTS.

DIRECTEURS :

Henri VILLAT et Jean VILLEY

FASCICULE XI

L'Absorption des radiations dans la haute atmosphère

Par M. Charles FABRY

Membre de l'Institut, Professeur à la Faculté des Sciences de Paris
et à l'École Polytechnique,

Et M. H. BUISSON

Professeur à la Faculté des Sciences de Marseille.

Fabry, Charles ; Buisson, H.   11
L'absorption des radiations
Mémorial des sciences physiques
39126

PARIS

GAUTHIER-VILLARS ET Cⁱᵉ, ÉDITEURS

LIBRAIRES DU BUREAU DES LONGITUDES, DE L'ÉCOLE POLYTECHNIQUE

Quai des Grands-Augustins, 55

1930

MÉMORIAL

DES

SCIENCES PHYSIQUES

PARIS. — IMPRIMERIE GAUTHIER-VILLARS ET Cie

88444-30.   Quai des Grands-Augustins, 55.

MÉMORIAL

DES

SCIENCES PHYSIQUES

PUBLIÉ SOUS LE PATRONAGE DE

L'ACADÉMIE DES SCIENCES DE PARIS

DES ACADÉMIES DE BELGRADE, BRUXELLES, BUCAREST, COÏMBRE, CRACOVIE, KIEW,
MADRID, PRAGUE, ROME, STOCKHOLM (FONDATION MITTAG-LEFFLER),
AVEC LA COLLABORATION DE NOMBREUX SAVANTS.

DIRECTEURS :

Henri VILLAT et Jean VILLEY

FASCICULE XI

L'Absorption des radiations dans la haute atmosphère

Par M. Charles FABRY

Membre de l'Institut, Professeur à la Faculté des Sciences de Paris
et à l'École Polytechnique,

Et M. H. BUISSON

Professeur à la Faculté des Sciences de Marseille.

PARIS

GAUTHIER-VILLARS ET Cie, ÉDITEURS

LIBRAIRES DU BUREAU DES LONGITUDES, DE L'ÉCOLE POLYTECHNIQUE
Quai des Grands-Augustins, 55

1930

AVERTISSEMENT

La Bibliographie est placée à la fin du fascicule, immédiatement
avant la Table des Matières.

L'ABSORPTION DES RADIATIONS

DANS LA

HAUTE ATMOSPHÈRE

PAR

M. Ch. FABRY,

Membre de l'Institut, Professeur à la Faculté des Sciences de Paris
et à l'École Polytechnique.

ET

M. H. BUISSON,

Professeur à la Faculté des Sciences de Marseille.

1. **Introduction.** — La question que l'on va exposer a été soulevée par l'étude de la partie ultraviolette du spectre-solaire et par la recherche de la cause de la limitation de ce spectre.

Lorsqu'on étudie le spectre solaire au moyen d'un spectrographe à optique de quartz, on trouve que la partie ultraviolette, d'abord très intense dans la région qui fait suite à la partie visible, diminue rapidement d'intensité quand on approche de la longueur d'onde 3ooo Å, et disparaît complètement pour une valeur de la longueur d'onde qui, dans les conditions les plus favorables, est un peu au-dessous de 2900 Å.

Deux hypothèses se présentent immédiatement à l'esprit pour expliquer cette limitation, qui n'existe pas pour les sources artificielles (arc électrique, étincelle) sans globe de verre, et qui par suite n'est pas due à une particularité du spectrographe ou de la plaque photographique. La première consiste à admettre que le Soleil n'envoie

aucun rayonnement de courte longueur d'ondė, soit qu'il n'émette
réellement pas ce rayonnement, ou bien que ces rayons soient absorbés
dans l'atmosphère solaire. La seconde fait intervenir, comme cause
de l'absence des radiations de courte longueur d'onde, leur absorption
dans l'atmosphère terrestre.

Une étude sommaire de la question montre que cette absorption
joue un rôle prépondérant. Si, en effet, on étudie le rayonnement
lorsque le Soleil s'éloigne du zénith, on constate que la limite du

Fig. 1.

spectre recule vers les grandes longueurs d'onde à mesure que l'épaisseur d'air traversée par les rayons devient plus grande, ce qui indique
une forte absorption dans l'atmosphère terrestre (¹).

La question fut sérieusement étudiée par Cornu [1] en 1881 ; la
conclusion fut que l'absorption était due à un élément permanent de
l'atmosphère, et non à un élément très variable comme la vapeur
d'eau ou le gaz carbonique. Toutefois, Cornu trouva que l'absorption
subissait de légères variations d'un jour à un autre. La nature de cet
absorbant resta indéterminée.

(¹) La figure 1 montre le recul de la limite du spectre lorsque le Soleil s'éloigne
du zénith; on y voit trois spectres solaires, obtenus avec des distances zénithales
de 20°, 53° et 65°; au-dessus, on voit un spectre du fer, qui s'étend dans tout l'ultraviolet, et le même spectre pris à travers un tube contenant un peu d'ozone, qui
limite le spectre du fer à peu près comme est limité le spectre solaire.

Toutes ces figures sont des *négatifs*, identiques aux clichés originaux.

Presque à la même époque, Hartley [3], [4] découvrit les remarquables propriétés absorbantes de l'ozone dans l'ultraviolet, et attribua à ce gaz la limitation du spectre solaire. En l'absence de toute donnée numérique, cette attribution resta hypothétique; d'autre part, les dosages d'ozone dans la basse atmosphère révélèrent des quantités si faibles que leur action absorbante restait peu vraisemblable.

Plus tard, un doute fut même jeté sur l'existence des radiations de courte longueur d'onde dans le rayonnement émis par le Soleil. Cornu avait cru observer un allongement du spectre solaire vers les petites longueurs d'onde, et par suite une diminution de l'absorption atmosphérique, lorsque l'observateur s'élève; cette affirmation fut reconnue inexacte. En 1909, Miethe et Lehmann [5] firent des observations au Mont Rose à 4560^m; en 1913, Wigand [6] prit des spectrogrammes en ballon jusqu'à 9000^m; aucun prolongement du spectre ne put être observé. Ces auteurs crurent pouvoir en conclure que les radiations de longueur d'onde inférieure à 2890 Å n'existent pas dans le rayonnement émis par le Soleil.

Nous avons commencé, en 1912, à nous occuper de la question, en y introduisant des données numériques précises au lieu de nous contenter d'observations qualitatives; nous avons poursuivi pendant plusieurs années cette étude, qui a été ensuite continuée par plusieurs autres physiciens. Nos recherches [7], [8], [9] ont conduit à cette conclusion que l'absorption par l'ozone dans la bande découverte par Hartley explique quantitativement les faits observés dans l'ultraviolet solaire; elles ont donné la quantité totale d'ozone contenue dans l'atmosphère. Des recherches ultérieures, en particulier celles de Fowler et Strutt, et de Cabannes et Dufay ont montré que les autres bandes d'absorption de l'ozone, beaucoup plus faibles que celle de Hartley, se trouvent aussi dans le spectre solaire, et que la même quantité d'ozone explique les faits relatifs à ces bandes. Enfin, ces travaux ont confirmé l'exactitude d'une hypothèse que nous avions émise : l'ozone est localisé dans la très haute atmosphère, au-dessus des plus hautes régions accessibles à l'homme.

La question a, dans ces dernières années, attiré encore l'attention par les variations de la quantité d'ozone présente dans l'atmosphère, variations qui sont maintenant étudiées d'une manière systématique, et dont l'étude paraît devoir conduire à des résultats importants du point de vue météorologique.

CHAPITRE I.

DÉFINITION ET MESURE DES COEFFICIENTS D'ABSORPTION.

2. Transmission et absorption par une substance homogène. — Étant donnée une certaine épaisseur d'un milieu partiellement absorbant, il y a lieu de considérer, pour chaque radiation simple qui le traverse, *un facteur de transmission*, rapport entre l'intensité transmise et l'intensité incidente pour cette radiation. Un facteur de transmission égal à 1 (ou, si l'on veut, égal à 100 pour 100) indique la transparence complète, tandis que la valeur 0 correspond à l'opacité totale. En portant en abscisses les valeurs de la longueur d'onde et en ordonnées les valeurs correspondantes du facteur de transmission, on obtient la courbe spectrale de transmission de la lame considérée.

Lorsque l'épaisseur d'un milieu homogène augmente, tous les facteurs de transmission diminuent, en fonction de l'épaisseur, suivant une loi exponentielle. La loi est plus simple si, au lieu du facteur de transmission, on considère la quantité appelée « densité optique ». C'est le logarithme (de base 10) du rapport entre l'intensité incidente et l'intensité transmise ou, si l'on veut, le logarithme de l'inverse du facteur de transmission.

Si donc on désigne par I_0 l'intensité incidente, I l'intensité transmise, on a :

Facteur de transmission ([1])

$$\tau = \frac{I}{I_0} ;$$

Densité optique

$$D = \log_{10} \frac{I_0}{I} = \log_{10} \frac{1}{\tau} = - \log_{10} \tau.$$

La densité croît avec l'absorption; une densité nulle indique la transparence complète; une densité égale à 1 indique que la transmis-

---

([1]) La quantité $\frac{1}{\tau} = \frac{I_0}{I}$ est quelquefois désignée sous le nom d'*opacité*. On a alors

$$\text{Densité} = \log_{10} \text{opacité}.$$

sion est $\frac{1}{10}$; une densité 2 correspond à la transmission $\frac{1}{100}$, etc. Un corps complètement opaque a une densité optique infinie.

Pour une substance homogène dont on fait varier l'épaisseur, la densité optique pour chaque radiation simple croît proportionnellement à l'épaisseur. En prenant l'épaisseur unité la densité optique devient le *coefficient d'absorption*. Nous prendrons le centimètre comme unité de longueur; le coefficient d'absorption pour une radiation donnée est alors la densité optique d'une épaisseur égale à 1^{cm}.

Si α est ce coefficient d'absorption, une épaisseur x aura pour densité

$$D = \alpha x$$

et un facteur de transmission

$$\tau = 10^{-\alpha x}.$$

Pour un gaz, le coefficient d'absorption croît avec la pression; on peut admettre dans la plupart des cas qu'il croît proportionnellement à la pression, ou à la pression partielle du gaz absorbant si celui-ci est dilué dans un gaz inerte. On rapportera les coefficients d'absorption au gaz pur sous la pression de 76^{cm} à $0°$.

3. **Absorption atmosphérique.** — La lumière venant d'un astre traverse l'atmosphère et subit une certaine absorption. Celle-ci ne peut être rapportée à l'unité d'épaisseur; cela n'aurait aucun sens, l'atmosphère n'étant pas homogène.

Pour une position donnée de l'astre et de l'observateur, et une radiation simple donnée, il y a lieu de considérer d'abord le *facteur de transmission* τ, rapport entre l'intensité incidente (avant que le faisceau entre dans l'atmosphère) et l'intensité transmise (celle qui parvient à l'observateur); ensuite la *densité optique* correspondante D, définie par

$$D = -\log_{10}\tau = \log_{10}\frac{1}{\tau}.$$

L'épaisseur d'air traversée par les rayons varie avec la distance zénithale de l'astre; elle est minimum lorsque l'astre est au zénith et croît lorsque la distance zénithale augmente, toutes les couches étant traversées plus obliquement. Il est naturel de caractériser l'absorption atmosphérique en examinant le cas où l'astre est au zénith, ce qui conduit à la définir par la *densité optique de l'amosphère au zénith.*

Lorsque l'astre est à une distance zénithale z toutes les couches sont traversées obliquement; si l'on néglige la courbure de la Terre et des couches atmosphériques successives, tout se passe comme si toutes les épaisseurs étaient multipliées par $\dfrac{1}{\cos z}$ ou, ce qui revient au même, par séc z. Si alors m est la densité optique de l'atmosphère au zénith pour une certaine radiation, la densité optique devient m séc z lorsque l'astre est à la distance zénitale z, et le facteur de transmission est alors

$$\tau = 10^{-m\,\sec z}.$$

Toutefois, m n'est constant au cours d'une journée que si l'atmosphère reste identique à elle-même.

4. Les diverses causes d'absorption. — L'affaiblissement du faisceau solaire à travers l'atmosphère est dû à des causes complexes, qui se divisent immédiatement en deux phénomènes distincts :

1° L'absorption vraie, conduisant à l'anéantissement du rayonnement (avec, naturellement, dégagement de chaleur dans la couche absorbante, représentant l'équivalent de l'énergie radiante absorbée si le rayonnement ne provoque aucune transformation interne de l'absorbant).

2° La diffusion, produisant un éparpillement en tous sens du rayonnement, mais sans sa destruction, et conduisant pour l'observateur terrestre à un rayonnement venant de toutes les parties du ciel.

Absorption vraie. — Les différents gaz de l'atmosphère contribuent très inégalement à cette absorption, et ce ne sont pas les plus abondants qui sont les plus actifs. C'est ainsi que l'on ne connaît, dans la région spectrale qui nous intéresse, aucune absorption attribuable à l'azote. L'oxygène donne les bandes bien connues A, B et α dans la partie rouge du spectre, mais ces bandes étant composées de lignes fines, la quantité totale d'énergie absorbée est faible. D'autre part, il est possible que l'oxygène soit responsable de l'absorption totale de l'ultraviolet extrême (*voir* § 19).

La vapeur d'eau possède de fortes et larges bandes d'absorption dans l'infrarouge, et aussi des bandes formées de lignes fines dans la partie visible (rouge, orangé, jaune) du spectre; la vapeur d'eau

étant un élément très variable de l'atmosphère, l'absorption ainsi
produite varie beaucoup suivant le moment et le lieu. On ne connaît
aucune absorption de la vapeur d'eau dans l'ultraviolet.

Le gaz carbonique a des bandes d'absorption dans l'infrarouge
assez lointain; l'action sur le rayonnement venant du Soleil est presque
négligeable.

Enfin, l'ozone, en dépit de la très petite quantité de ce gaz que
contient l'atmosphère, exerce une action absorbante considérable;
pour l'ultraviolet, c'est lui qui limite le spectre et qui diminue
énormément l'intensité d'une partie des radiations qui nous parviennent. Son action se fait sentir aussi dans d'autres parties du
spectre, mais dans l'ultraviolet elle est capitale.

Diffusion. — La diffusion est le phénomène qui se produit toutes
les fois que la lumière se propage à travers un milieu trouble, c'est-à-
dire tenant en suspension des particules matérielles. Or tout milieu
autre que le vide est formé de molécules distinctes, en nombre très
grand mais fini; tout milieu, et en particulier tout gaz doit se com-
porter comme un « milieu trouble », même s'il ne contient aucune
particule étrangère au gaz pur. C'est le grand phénomène de la
« diffusion moléculaire » découvert théoriquement par Lord Rayleigh,
plus tard étudié expérimentalement par Cabannes et depuis par un
grand nombre de physiciens. En plus de ce phénomène général, il
peut exister de la diffusion par les diverses particules étrangères
qui flottent dans notre atmosphère.

La diffusion peut donner lieu à des phénomènes bien plus complexes que l'absorption vraie. Celle-ci *anéantit* le rayonnement; elle
affaiblit le faisceau régulièrement transmis sans créer aucun autre
faisceau secondaire. La diffusion, au contraire, affaiblit le faisceau
direct, mais produit du rayonnement diffusé qui parvient à l'observateur de toutes les directions. C'est ainsi que la diffusion moléculaire affaiblit l'éclat du Soleil, mais est la cause de la lumière bleue
qui semble venir de la voûte céleste et, en réalité, vient de toute
la masse d'air qui est au-dessus de nous. Dans ce qui suivra, on
étudiera seulement la lumière venant du Soleil et régulièrement
transmise; la diffusion a, sur le faisceau ainsi transmis, la même
action que la vraie absorption, et il y a lieu, dans un cas comme dans
l'autre, de considérer la densité optique d'une certaine épaisseur du

milieu et, dans le cas de l'atmosphère, la densité optique au zénith.

D'ailleurs, la diffusion peut s'accompagner d'absorption vraie; c'est certainement ce qui a lieu pour les fumées et pour la brume qui, sous de faibles épaisseurs, donnent de la lumière diffusée, et pour de grandes épaisseurs finissent par absorber complètement.

Ceci posé, la diffusion peut être due à diverses causes, dont une constante et parfaitement connue, et les autres variables. Ce sont : 1° la diffusion moléculaire produite par l'air pur; 2° la diffusion produite par de très petites particules, telles que des agglomérations moléculaires; 3° la diffusion par des gouttelettes ou des particules très grosses par rapport aux dimensions moléculaires.

La diffusion moléculaire est un phénomène qui se produit dans les gaz purs, et dont les lois sont parfaitement connues. Elle donne un coefficient d'absorption rapidement croissant pour des radiations de longueurs d'onde décroissantes; ce coefficient varie à peu près en raison inverse de la quatrième puissance de la longueur d'onde. Pour l'atmosphère terrestre, il a été soigneusement calculé par Cabannes et Dufay [10], [11]; la table suivante donne, la valeur de la densité optique de l'atmosphère au zénith due à la diffusion moléculaire, ainsi que le facteur de transmission correspondant lorsque le Soleil est au zénith.

	Longueur d'onde.	Densité optique de l'atmosphère au zénith.	Facteur de transmission.
Infrarouge	2μ	0,0002	0,9996
	1	0,0035	0,992
	0,8	0,0088	0,980
Visible	0,7	0,0151	0,966
	0,6	0,0280	0,937
	0,5	0,0592	0,873
	0,4	0,1487	0,710
Ultraviolet............	0,35	0,2575	0,553
	0,3	0,4932	0,321

On remarquera la grosse importance que prend la diffusion moléculaire pour l'ultraviolet. Quand on arrive à la longueur d'onde $0\mu,3$ en supposant le Soleil au zénith, moins du tiers du rayonnement peut être directement transmis en l'absence de toute absorption vraie, plus des deux tiers étant diffusés et répartis sur la voûte céleste.

Cette diffusion augmente encore quand le Soleil s'abaisse; à 60° du zénith, la diffusion atteindrait les $\frac{9}{10}$ du rayonnement incident. Inversement, l'effet de la diffusion diminue quand on s'élève dans l'atmosphère, la densité optique variant en raison directe de la pression.

En dehors des molécules de gaz pur, il peut exister dans l'atmosphère des *agglomérations moléculaires*, très petites par rapport à la longueur d'onde des radiations. C'est, d'après les recherches de Fowle, ce qui semble se produire lorsque de la vapeur d'eau existe dans l'atmosphère; la vapeur d'eau peut donc exercer ainsi une influence indirecte sur l'absorption par diffusion.

Enfin, l'atmosphère peut contenir des gouttelettes ou des particules étrangères (brouillard, fumée, etc.), non plus de la dimension moléculaire, mais d'un ordre de grandeur beaucoup plus considérable même si elles sont microscopiques. Ces particules donnent une diffusion dont il est impossible de prévoir la valeur, beaucoup moins variable avec la longueur d'onde que la diffusion moléculaire, mais pouvant atteindre des valeurs énormes. Dans une portion peu étendue du spectre, on peut la considérer comme constante à un instant donné, mais variable d'un moment à un autre.

5. **Mesure des coefficients d'absorption des gaz.** — Toutes les mesures d'absorption supposent d'abord une méthode pour la mesure des intensités des radiations. Il n'intervient aucune comparaison entre radiations de longueur d'onde différente (comparaison hétérochrome), mais seulement la mesure du rapport entre intensités d'une même radiation avant et après l'absorption. Dès lors, on a en principe le choix entre les différents appareils récepteurs, la sensibilité sélective dans le spectre n'ayant pas d'inconvénient pourvu que la sensibilité ne soit pas nulle dans la région spectrale que l'on veut étudier. On reviendra plus loin sur le choix de la méthode à employer.

Cette question étant supposée résolue, la mesure des coefficients d'absorption d'un gaz devient facile. Le gaz à étudier est contenu dans un tube fermé par deux lames transparentes à faces parallèles, dans lequel on peut faire le vide ou introduire un gaz transparent (air). Le tube étant traversé par le faisceau provenant d'une source constante, on mesure, pour chaque radiation, le rapport des intensités I_0 et I, la première sans absorption, la deuxième lorsque le tube contient le gaz absorbant; en désignant par l la longueur de la colonne gazeuse, le coefficient d'absorption α sera donné par

$$\alpha = \frac{1}{l}\, \log_{10} \frac{I_0}{I}.$$

On obtient ainsi le coefficient d'absorption du gaz (ou du mélange gazeux employé) dans les conditions où il se trouve. Si le gaz n'est pas dans les conditions normales ou est mélangé à un gaz optiquement inerte, on obtiendra le coefficient d'absorption du gaz pur normal en introduisant dans la même formule l'épaisseur *réduite* du gaz, c'est-à-dire l'épaisseur qu'aurait le gaz pur à $0°$ et 76^{cm} si on le séparait du mélange en conservant la même section.

6. **Mesure de l'absorption atmosphérique.** — Cette méthode directe n'est pas utilisable pour l'étude de l'absorption par l'atmosphère, parce qu'il est impossible de supprimer la couche d'air qui est au-dessus de nous. Mais si l'on ne peut pas diminuer l'épaisseur traversée lorsque le Soleil est au zénith, on peut l'augmenter en étudiant ce qui se passe lorsque le Soleil descend vers l'horizon. La loi suivant laquelle décroît l'intensité d'une radiation permet de calculer le coefficient d'absorption de l'atmosphère pour cette radiation.

L'idée de cette méthode est due à Bouguer [12]; elle a été correctement appliquée, en faisant les mesures sur des radiations monochromatiques, par Langley [13], [14]; elle mérite le nom de méthode de Bouguer-Langley.

Au cours d'une même journée on mesure les intensités d'une radiation monochromatique venant d'un astre. Soient I l'intensité lorsque la distance zénithale est z, I_0 l'intensité avant toute absorption, et m la densité optique de l'atmosphère au zénith pour cette radiation. Si l'on néglige la courbure de la Terre (ce qui est permis pour les distances zénithales qui ne sont pas trop grandes), à l'instant considéré l'épaisseur traversée de toutes les couches est multipliée par $\sec z$. On a

$$\log I = \log I_0 - m \sec z.$$

Si l'on trace un diagramme en prenant comme abscisses les valeurs de $\sec z$ et comme ordonnées les valeurs correspondantes de $\log I$, chaque observation est représentée par un point, et ces points doivent se placer sur une droite descendante dont le coefficient angulaire est égal, en valeur absolue, à m. De plus, en prolongeant la droite jusqu'à la valeur *zéro* de l'abscisse, l'ordonnée correspondante donne $\log I_0$, et par suite fait connaître la valeur de l'intensité de la radiation avant l'absorption; elle se trouve mesurée avec l'unité (arbitraire) qui a servi à exprimer les I.

Il est essentiel, pour que la méthode donne un résultat correct, que l'atmosphère reste identique à elle-même pendant la durée des observations. S'il en est autrement, les points ne se placeront pas en ligne droite, si ce n'est par un hasard improbable.

7. Méthodes de mesure des intensités. — Tout ce qui précède est basé sur des mesures de rapports d'intensités d'une même radiation monochromatique. Il existe, en principe, un grand nombre de méthodes pour faire ces mesures; dans chaque cas on doit choisir celle qui convient le mieux, et souvent le choix est très limité.

Ce choix dépend d'abord de la région spectrale que l'on veut étudier: c'est ainsi que la méthode thermique est à peu près la seule utilisable dans la plus grande partie de l'infrarouge, et que l'œil ne peut servir que dans l'étroite étendue des radiations visibles. Il faut encore que la sensibilité soit suffisante; la pile thermo-électrique, sensible à toutes les radiations, sera pratiquement inutilisable pour l'étude de l'extrémité ultraviolette du spectre solaire parce que l'intensité n'est pas suffisante. De plus, et cette condition est très importante, il faut que l'appareil récepteur ait un pouvoir de résolution suffisant pour ne pas mélanger des radiations sur lesquelles les effets à étudier sont très différents. Prenons, par exemple, l'étude de l'absorption d'une substance, qui varie avec la longueur d'onde; si la lumière incidente est à spectre continu, un appareil dispersif sépare les radiations simples et montre les diverses bandes d'absorption; son pouvoir de résolution doit être suffisant pour qu'en chaque point de l'image ne se superposent que des radiations pour lesquelles le coefficient d'absorption est à peu près le même, et ceci conduit à prendre un appareil dispersif d'autant plus puissant que les bandes sont plus fines. Mais l'appareil récepteur, lui aussi, n'a qu'un pouvoir séparateur limité; une cellule photo-électrique ou une pile thermo-électrique par exemple reçoivent le rayonnement d'une bande étroite, mais cependant de largeur finie, du spectre qu'elles explorent; lorsque le phénomène étudié varie rapidement avec la longueur d'onde, l'emploi de ces récepteurs est très difficile.

Finalement, on a souvent très peu de choix pour l'appareil récepteur; il se trouve que dans certains cas la plaque photographique est
le seul récepteur utilisable et doit être employée bien que les méthodes
de photométrie photographique ne soient pas sans quelques difficultés.

Ceci nous amène à donner un bref résumé des principes de la
photométrie photographique.

**8. Emploi de la plaque photographique pour la mesure des
intensités.** — Pour la mesure des intensités, l'emploi de la plaque
photographique se présente dans des conditions analogues à celles de
l'œil; la plaque peut constater une *égalité*, mais ne donne aucune
indication directe d'un *rapport* d'intensités; elle ne peut donner de
valeur numérique d'un rapport que par une égalisation, en employant un dispositif de *gradation*, qui permet de faire varier un
flux lumineux dans un rapport connu. Il y a cependant, avec l'observation visuelle, les différences suivantes :

1° Tandis que l'œil ne peut juger de l'égalité de deux plages que
s'il les voit simultanément (et autant que possible contiguës) cette
condition n'est pas nécessaire pour la plaque photographique, où les
deux impressions peuvent être successives.

2° Dans les appareils à comparaison visuelle, on amène toujours
les deux plages à l'égalité aussi parfaite que possible par un tâtonne-
ment rapide. Cette manière de procéder serait impossible en photographie où elle exigerait que l'on fasse un nombre presque infini de
poses; on se contente de faire un petit nombre de poses en donnant
des valeurs échelonnées au facteur de gradation; on détermine par
interpolation la valeur de ce facteur qui aurait produit l'égalisation
exacte.

Toutes les poses destinées à une comparaison doivent être faites
sur une même plaque, avec le même temps de pose. La mesure repo-
sera sur l'étude du noircissement de la plaque en ses différents points,
lequel est défini par la *densité* de la couche photographique; la défi-
nition de la densité est celle qui a été donnée plus haut lorsqu'on fait
traverser la plaque terminée par un faisceau lumineux. La mesure de
la densité doit souvent être faite sur des surfaces très petites de la
plaque; on se sert d'un *microphotomètre*, dont il existe de nombreux

modèles, les uns purement visuels, d'autres utili-ant divers appareils récepteurs de radiation (cellule photo-électrique, thermopile, sélénium), d'autres enfin enregistreurs donnant la courbe de densité le long d'une ligne tracée sur le cliché.

Le problème qui se pose est la mesure du rapport des *éclairements*, monochromatiques et de même espèce, qui existaient en deux points de la plaque pendant les poses; soient E et E' les valeurs de ces éclairements, exprimés avec une même unité d'ailleurs arbitraire, et supposons $E > E'$. On se sert d'un dispositif de gradation, qui permet de remplacer l'éclairement E par un éclairement KE, en désignant par K un facteur plus petit que 1 auquel on peut donner des valeurs diverses et connues. On fera successivement, avec la même durée, et autant que possible sur des portions voisines de la plaque, une pose avec l'éclairement E', puis des poses avec des éclairements $K_1 E$, $K_2 E$, $K_3 E$, etc.: les facteurs K doivent être choisis de telle manière que cet ensemble *encadre* l'éclairement E', c'est-à-dire que les plus fortes valeurs de K doivent donner un éclairement supérieur à E' et les plus faibles un éclairement inférieur.

Sur la plaque développée, on mesure les densités de ces diverses poses; soit D' la densité correspondant à E' et $D_1 D_2 D_3$ etc., la série des densités produites par E plus ou moins affaibli. Le problème est de trouver la valeur de K qui aurait donné la densité D'. On y arrive par une interpolation, facile à faire graphiquement.

Il est commode de tracer ce graphique selon l'usage adopté pour obtenir les *courbes caractéristiques* [15], [16] des plaques photographiques : on y porte en abscisses les logarithmes des éclairements et en ordonnées les densités correspondantes. Ici, les abscisses seront les valeurs de $\log K$ et les ordonnées celles de D. Ces courbes sont à très peu près rectilignes dans la région *d'exposition normale*, et l'interpolation est facile, même si le nombre des points de la courbe n'est pas trés grand.

Quant à la méthode de gradation, elle peut varier suivant les cas. En voici une simple énumération :

Diaphragmes qui diminuent la surface utile d'un faisceau.

Ensemble de deux polariseurs dont on fait varier l'angle.

Écrans absorbants dont le facteur de transmission a été déterminé une fois pour toutes.

Variation de distance d'une source à un diffuseur qui sert de source secondaire.

Variation de la surface utilisée d'une source de brillance uniforme.

9. Élimination de la lumière diffusée. — Une cause d'erreur souvent importante dans les mesures d'intensité provient de la lumière diffusée par les différentes pièces d'optique que doit traverser le rayonnement, et en particulier dans les lentilles et les prismes des appareils dispersifs. Chaque surface d'une lentille ou d'un prisme donne, en plus de la lumière régulièrement réfractée, de la lumière diffusée dans toutes les directions. Sur la plaque photographique d'un spectrographe on a, en chaque point du spectre, de la lumière diffusée non dispersée qui se superpose à la lumière monochromatique qui devrait seule exister. L'étude des causes de cette diffusion est très peu avancée; elle peut être produite soit par les surfaces réfringentes, soit par la masse même des milieux transparents traversés par la lumière.

Cette lumière parasite est particulièrement gênante lorsqu'on veut étudier une région très peu intense du spectre d'un rayonnement dont l'intensité totale est très grande; il peut arriver alors que la lumière diffusée empêche même l'enregistrement de la position des lignes de la partie faible, et rende impossible l'emploi de poses photographiques longues, à cause du voile général qu'elle produit. Dans tous les cas, la lumière diffusée peut produire des erreurs graves dans les mesures d'intensité.

Nous rencontrerons, dans la suite de cette étude, un cas où l'élimination de la lumière diffusée est nécessaire, c'est la spectrographie de l'extrémité ultraviolette du spectre solaire, dont l'intensité est très faible à cause de l'énorme absorption atmosphérique, alors que l'intensité des radiations visibles et du commencement de l'ultraviolet est très grande. Nous allons passer en revue les moyens propres à éliminer cette lumière diffusée.

Tout d'abord, il faut employer des pièces d'optique qui diffusent peu la lumière. L'emploi de la fluorine nous a paru devoir être rejeté, cette substance étant toujours un milieu très trouble, qui diffuse beaucoup de lumière. Nous avons été amenés à employer uniquement le quartz pour la partie ultraviolette.

D'autre part il y a intérêt à diminuer le nombre des surfaces réfrin-

gentes. C'est ce qui a conduit Dobson [17] à employer le spectrographe de Féry, dans lequel il n'y a qu'une surface réfringente (traversée deux fois) et une réfléchissante : il y a ainsi une réflexion et
deux réfractions, tandis que dans un spectrographe ordinaire il y a
au moins six réfractions.

L'emploi de filtres absorbants peut donner des résultats intéressants
si l'on trouve par hasard un corps transparent pour la région du
spectre que l'on veut étudier et absorbant pour les radiations qui sont
les plus intenses dans le rayonnement total. Pour étudier par photographie l'extrémité ultraviolette du spectre solaire, il faut trouver
un filtre transparent pour la région 2900-3200 et opaque pour la
région visible et le commencement de l'ultraviolet ; la transparence
au rouge et à l'infrarouge n'a pas d'importance, parce que ces
radiations n'agissent pas sur la plaque.

Cornu [2] a recommandé pour cela l'emploi d'un tube, fermé par
des fenêtres de quartz, contenant de la vapeur de brome.

La vapeur de brome absorbe toutes les radiations entre le vert
et 3600 Å environ ; elle laisse encore une région trop étendue jusqu'à
la limite du spectre solaire. Le chlore absorbe cette région, avec
maximum d'absorption vers 3400, et redevient transparent avant la
limite du spectre solaire. Un mélange de ces deux gaz, vapeur de
brome et chlore, a été recommandé par Peskov [18] et systématiquement employé par Dobson [17] ; avec une composition et une épaisseur convenables, on élimine toutes les radiations nuisibles et, de
plus, la transparence allant en augmentant vers les petites longueurs
d'onde, on peut compenser en partie l'énorme différence d'intensité
entre les diverses parties de la région terminale du spectre solaire.

C'est seulement par hasard que l'on peut, dans chaque cas, trouver
un absorbant qui convienne. La solution la plus complète et la plus
générale consiste dans l'emploi d'un *spectrographe double*. Un premier appareil dispersif donne un spectre souillé par la lumière diffusée ; une seconde dispersion rejette, de chaque point du spectre, la
lumière diffusée en dehors de l'image définitive, jouant le rôle de
purificateur.

Ce principe a été employé par Miethe et Lehmann [5] sous une
forme imparfaite. Voici (*fig.* 2) le dispositif dont nous nous sommes
servis dans nos recherches [8].

Un premier spectrographe est formé des deux prismes de quartz (droit et gauche) PP′, du collimateur FL et de la chambre L′S ; ces deux organes ont chacun une lentille de quartz de 1^m de distance focale. Le spectre est projeté en C où une fente ne laisse passer que la partie strictement utile du spectre, aussi bien en hauteur qu'en largeur. Le rôle de *purificateur* est rempli par un second spectrographe qui disperse à angle droit du premier, formé des prismes pp_1

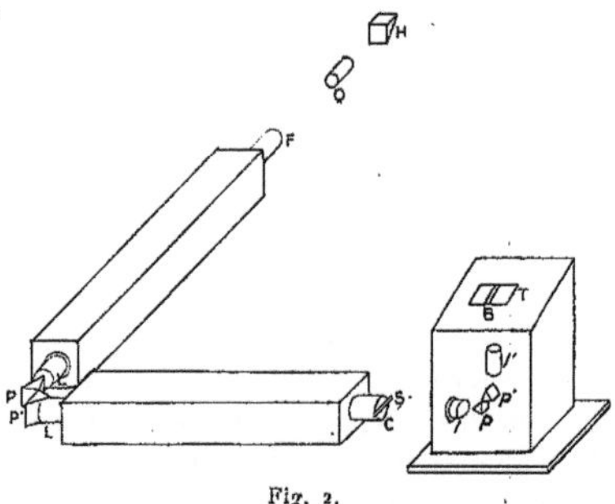

Fig. 2.

et des lentilles ll', le tout en quartz. Le spectre est finalement produit en B, où est placée la plaque photographique. La lumière parasite est rejetée de côté. On obtient ainsi un spectre parfaitement pur ; de très longues poses peuvent être faites sur la partie extrême de l'ultra-violet solaire sans qu'aucun voile se produise.

D'autres solutions du même problème sont d'ailleurs possibles. On peut imaginer que l'on intervertisse l'ordre dans lequel se succèdent les deux appareils (disperseur et purificateur). Dans d'autres appareils, les deux dispersions successives se font dans le même plan ; tel est le cas du monochromateur double de Van Cittert [20] et du spectrographe double de Lambert, Déjardin et Chalonge [19].

10. **Sources de lumière utilisables dans les mesures d'absorption.** — Pour l'étude de l'absorption d'un gaz au laboratoire, il est nécessaire de disposer d'une source de lumière suffisamment intense dans le domaine spectral étudié, et il est très désirable que son intensité soit constante pendant un temps assez long. Selon les cas, on se sert

de sources à spectre continu ou de sources donnant un nombre fini
de radiations distinctes.

Ce dernier cas présente certains avantages. La mesure porte sur
des radiations bien définies. Il n'est pas nécessaire que l'appareil dispersif et l'appareil récepteur aient un pouvoir de résolution élevé, il
suffit qu'ils séparent nettement les diverses radiations présentes et,
pourvu que cette condition soit satisfaite, le résultat de la mesure est
indépendant de ce pouvoir de résolution. Enfin, l'influence de la
lumière diffusée est moins à craindre que dans le cas d'un spectre
continu.

Par contre, la mesure n'est faite que pour un nombre fini de points
dans le spectre, et l'on n'est pas maître de ces points qui sont déter-
minés par la source employée. Cela est sans inconvénient si la courbe
spectrale d'absorption est peu accidentée; on peut alors tracer une
courbe régulière passant par les points observés. Mais cette manière
de faire peut laisser inaperçus des accidents de la courbe, et donner,
par interpolation, entre les points, des valeurs inexactes. L'emploi
d'un spectre continu est nécessaire pour éviter ces erreurs. Mais
quand on emploie un tel spectre, les pouvoirs de résolution du spectroscope et du récepteur interviennent; si $\Delta\lambda$ est la limite globale de
résolution de l'ensemble autour de la radiation λ, on mesure en réalité une sorte de valeur moyenne du coefficient d'absorption dans
l'intervalle $\Delta\lambda$; la mesure n'a de sens que si le coefficient est sensiblement constant dans cet intervalle. Il faut donc un appareil dispersif et récepteur d'autant plus parfait que les bandes sont plus
fines, ou la courbe d'absorption plus accidentée.

Dans la région ultraviolette, la source de spectre discontinu
généralement employée est l'arc au mercure à enveloppe de quartz.
La question de la source à spectre continu est un peu plus compliquée. La lampe à mercure, sous régime poussé, donne un peu de
spectre continu, mais avec une forte prédominance des raies du mercure, ce qui est parfois gênant. Le cratère de l'arc entre tiges de
charbon donne un spectre continu, mais avec une intensité rapidement décroissante vers les petites longueurs d'onde et une énorme
intensité dans le visible et le commencement de l'ultraviolet, ce qui
est une circonstance propre à augmenter le voile par diffusion. On a
souvent employé, comme source de spectre continu dans l'ultraviolet, l'étincelle entre électrodes métalliques sous l'eau; on obtient

un mélange de spectre continu intense et des lignes d'émission du métal, mais il n'est pas facile d'obtenir une intensité constante. La source la plus commode et la plus constante est le tube à hydrogène [21] qui, dans certaines conditions de pression et d'alimentation électrique, donne un spectre continu très intense et s'étendant très loin vers les petites longueurs d'onde.

CHAPITRE II.

PROPRIÉTÉS ABSORBANTES DE L'OZONE.

11. Rappel des propriétés de l'ozone. — Ce gaz va jouer un rôle prépondérant dans la question qui nous occupe; on va grouper ici ce qu'il est utile de savoir sur ce gaz et sur ses propriétés absorbantes.

Rappelons que l'ozone est une *forme* particulière de l'oxygène; sa molécule est constituée par la réunion de trois atomes d'oxygène; sa formule est O^3 tandis que celle de l'oxygène ordinaire est O^2.

L'ozone se produit spontanément dans certaines réactions qui mettent de l'oxygène en liberté. A partir de l'oxygène, il peut se former sous l'action de la décharge électrique, par bombardement électronique, et aussi par l'action des radiations de l'extrême ultra-violet $\left(\text{au-dessous de } 1850 \text{ Å}\right)$ que l'oxygène absorbe fortement. Ces divers moyens de production ne permettent d'ailleurs pas d'obtenir l'ozone pur; la proportion de ce gaz ne dépasse généralement pas quelques centièmes, mais cela n'a pas d'inconvénient pour l'étude de ses propriétés absorbantes.

D'autre part, les radiations comprises entre 2000 et 3000 environ, que l'ozone absorbe fortement, décomposent ce gaz et le transforment en oxygène.

Une fois formé, l'ozone est très stable à la température ordinaire, du moins en l'absence de tout catalyseur.

L'ozone possède de remarquables propriétés absorbantes dans les diverses parties du spectre; nous allons les passer en revue.

12. Large bande ultraviolette (bande de Hartley). — C'est celle qui, dans la question qui nous occupe, joue le rôle le plus important;

elle est remarquable par l'extraordinaire intensité de l'absorption. Elle s'étend entre les longueurs d'onde 2300 et 3200 environ avec un maximum très prononcé à 2550. Pour l'étude de l'ozone atmosphérique, la connaissance exacte des coefficients d'absorption est nécessaire; c'est la région 3200-2900 qui est la plus intéressante pour cet usage.

L'étude faite par Hartley [3] était purement qualitative; des mesures de coefficients d'absorption ont été faites par Edgar Meyer [22] en 1903, puis par Krüger et Moeller [23] en 1912; ces mesures étaient très discordantes entre elles dans la région qui nous intéresse, et d'ailleurs les mesures de Meyer ne s'étendaient qu'aux longueurs d'onde inférieures à 3000.

En vue de l'application à l'étude de l'absorption atmosphérique, nous avons repris ces mesures [7] en 1912, par une méthode photographique.

La lumière d'une lampe au mercure à enveloppe de quartz traverse un tube fermé par des lames de quartz et tombe sur la fente d'un spectrographe. On compare les intensités d'une même radiation lorsque le tube contient de l'air et lorsqu'il est traversé par un courant d'oxygène ozonisé dans lequel on fait, par voie chimique, le dosage de l'ozone. La *gradation* du faisceau (*voir* p. 13) est obtenue par des diaphragmes placés à la suite des prismes du spectrographe.

Il est nécessaire d'employer, pour étudier les diverses régions de la bande d'absorption, des tubes de diverses longueurs. La mesure, en effet, ne donne de résultat précis que si l'absorption n'est ni complète, ni insensible: l'expérience nous a montré que la mesure se fait dans les meilleures conditions lorsque la proportion de lumière transmise est de l'ordre de $\frac{1}{10}$. Nous avons employé des tubes ayant comme longueur, en centimètres : 0,92; 7,08; 49,7 et 194,6.

Les résultats sont représentés par la courbe (*fig.* 3), qui donne les valeurs du coefficient d'absorption α en fonction de la longueur d'onde. On remarquera l'énorme valeur du coefficient d'absorption dans la région du maximum; vers $\lambda = 2550$, la valeur de α atteint environ 120. Une couche d'ozone gazeux pur de 25 microns d'épaisseur réduirait à moitié l'intensité de cette radiation. A égalité de masse, l'absorption de l'ozone pour la radiation 2550 est plus forte que celle des métaux pour les radiations visibles.

Pour la comparaison avec l'absorption atmosphérique, la région

intéressante est celle de 2900 à 3200 environ; dans cet intervalle,
l'absorption par l'ozone décroît très rapidement quand la longueur

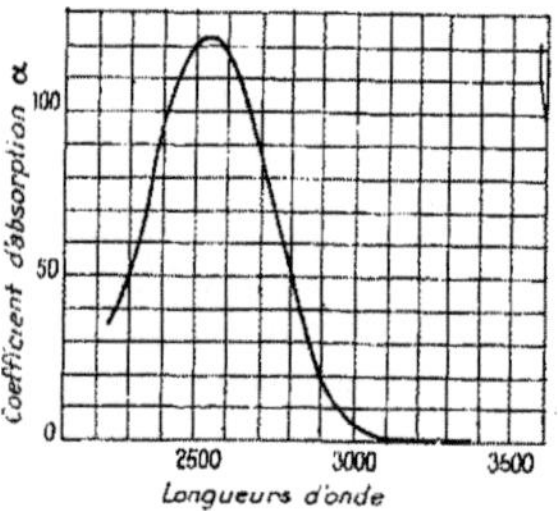

Fig. 3.

d'onde augmente. Il est utile d'avoir une formule empirique qui
donne α en fonction de λ. Une formule se présente d'elle-même si
l'on porte en ordonnées non les valeurs de α mais celles de $\log \alpha$

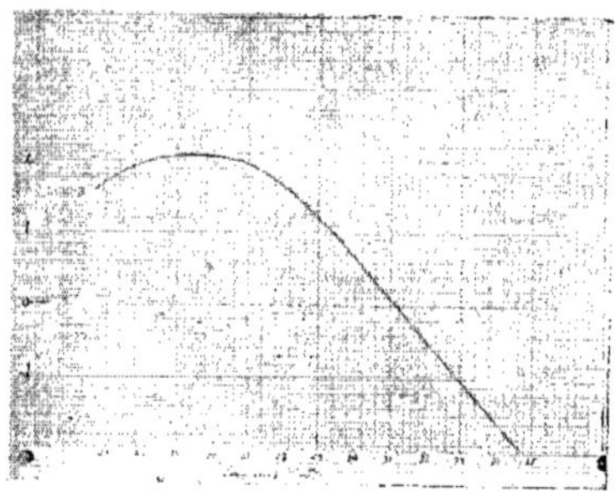

Fig. 4.

(voir *fig.* 4). Dans la région qui nous intéresse, la courbe est très
exactement une ligne droite. La formule qui donne $\log \alpha$ est alors

$$(1) \qquad \log \alpha = 17{,}58 - 0{,}005647\lambda,$$

dans laquelle λ est la longueur d'onde exprimée en augströms.

Des mesures analogues ont été reprises récemment par Läuchli [24], sous la direction de E. Meyer, à Zurich. La source de lumière était encore une lampe au mercure: les mesures d'intensité étaient faites au moyen d'une cellule photo-électrique. La courbe qui résume ces mesures est très voisine de la nôtre dans la région de l'extrémité du spectre solaire; vers les petites longueurs d'onde les valeurs de α trouvées par Läuchli sont sensiblement plus élevées que les nôtres; le maximum de α atteint la valeur 149. Pour la région 2800-3350, Läuchli donne la formule empirique

$$(2) \qquad \log \alpha = 16,74 - 0,00536 \lambda.$$

Dans la région utile pour l'étude du spectre solaire, les deux formules donnent des résultats très voisins; les droites qu'elles représentent se coupent au point d'abscisse $\lambda = 3000$; pour cette longueur d'onde, les deux formules donnent la même valeur ($\log \alpha = 0,66$). Elles se séparent un peu pour les longueurs d'onde plus grandes et plus petites.

Il faut remarquer que, Läuchli opérant avec une seule longueur de tube, les mesures doivent être peu précises dans la région des très fortes absorptions ainsi que dans celles des absorptions faibles. Dans le premier cas, on est obligé d'opérer sur de l'ozone très dilué, dont le dosage doit présenter des difficultés; dans le second, la mesure résulte d'une absorption presque insensible.

Toutes ces mesures ont été faites au moyen de la lumière du mercure, et par suite ne donnent qu'un nombre limité de points de la courbe d'absorption, et ces points ont été reliés par une courbe régulière. Mais en réalité la courbe d'absorption est plus compliquée; du côté des grandes longueurs d'onde, la fin de la grande bande d'absorption empiète sur les « bandes de Huggins » (*voir* § 13) de structure compliquée, et même ces bandes se prolongent à travers toute la bande de Hartley. La courbe d'absorption est, en réalité, dentelée d'une manière compliquée, et la courbe représentée par les formules (1) ou (2) n'est qu'une courbe moyenne où les dentelures ont été effacées. L'erreur qui en résulte sur les coefficients d'absorption est très faible dans la région de forte absorption; elle peut être sensible dans la partie de la bande où l'absorption est faible. De nouvelles mesures, faites au moyen d'une source à spectre continu, seraient utiles.

Les erreurs de la formule empirique se sont révélées dans les
mesures d'absorption atmosphérique; Dobson a utilisé ses mesures
pour apporter de légères corrections aux valeurs du coefficient α
données par notre formule.

13. Bandes de Huggins. — Ces bandes font suite, vers les longueurs d'onde croissantes, à la bande de Hartley et empiètent sur
elle; elles sont particulièrement faciles à observer entre 3200 et 3300.

L'histoire de la découverte de ces bandes est assez curieuse.
En 1890, Huggins [25] découvrit dans le spectre de Sirius un
ensemble de bandes assez complexe, occupant l'extrémité ultraviolette de ce spectre; il ne reconnut pas l'origine tellurique de ces
bandes et les prit pour un spectre particulier de Sirius.

En 1906, Ladenburg et Lehmann [26] découvrirent des bandes
compliquées dans le spectre d'absorption de l'ozone, s'étendant dans
la même région. Personne ne fit le rapprochement avec les bandes
découvertes par Huggins dans le spectre de Sirius.

C'est seulement en 1917, quand l'importance de l'absorption par
l'ozone atmosphérique eut été mise en évidence par nous, que Fowler
et Strutt [27] indiquèrent l'identité des deux spectres; ils montrèrent
que le spectre d'absorption découvert par Huggins était d'origine
tellurique et était dû à l'absorption par l'ozone. Ils montrèrent aussi
que ces mêmes bandes d'absorption sont observables dans le spectre
de tous les astres près de l'horizon, en particulier dans le spectre
solaire. Si on les avait observées d'abord sur Sirius c'est parce que cette
étoile, très brillante, donne un spectre où la partie ultraviolette est
très intense et presque dénuée de raies d'origine stellaire, et que de
plus, dans nos régions, Sirius est toujours loin du zénith. Dans le
spectre solaire, la région 3200-3300 est remplie de raies de Fraunhofer qui donnent au spectre un aspect compliqué où les bandes tel-
luriques peuvent passer inaperçues; on les distingue cependant très
bien sur le spectre du soleil près de l'horizon, obtenu avec une faible
dispersion.

Au laboratoire, ces bandes de l'ozone ont été étudiées d'une
manière plus complète par Shaver [28], puis par Chalonge et Lambrey [29]. Ceux-ci ont montré que les bandes de Huggins se prolongent, en réalité, à travers toute la grande bande de Hartley, dont
la courbe d'absorption est dentelée ou ondulée dans toute son

Opacité décroissante ⟶
2696,0
2675,7
2665,0
2654,8
2642,5
2623,5
2606,0
2587,0
2570,0
2552,7
2538,0
2517,7
2499,4
2489,7
2476,6
2457,2
2439,3
2417,7

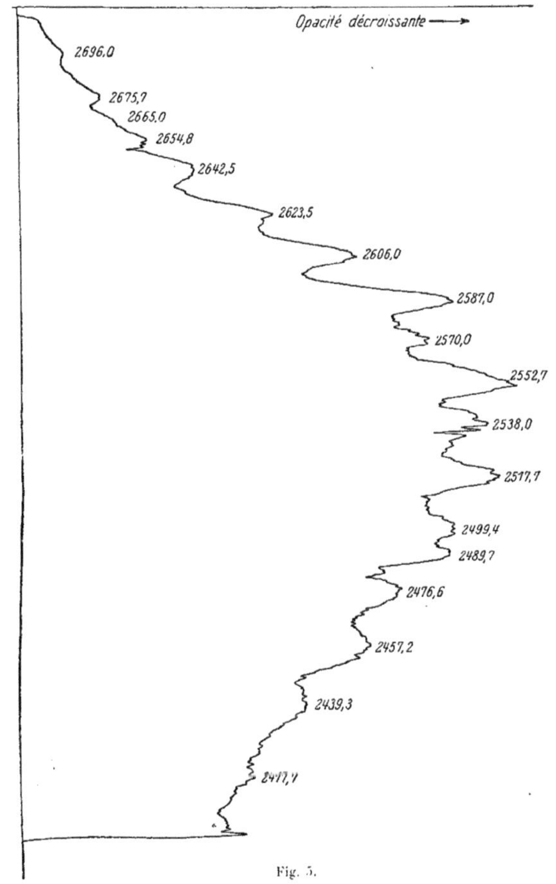

Fig. 5.

étendue, comme le montre la figure 5, reproduction de la courbe de
noircissement, relevée au microphotomètre enregistreur, d'un cliché
photographique du spectre d'absorption de l'ozone. Mais c'est sur le
bord, dans la région 3200-3300, où l'absorption générale est affaiblie,
que l'observation de ces dentelures est la plus facile.

14. **Bandes de Chappuis** [30]. — Elles sont situées dans la partie
visible du spectre, principalement dans le rouge et l'orangé. C'est à
ces bandes que l'ozone doit sa couleur bleue sous une très grande
épaisseur et une forte concentration.

La courbe spectrale d'absorption a été déterminée par M. Colange
[31], en employant une colonne longue de 6^m; la source de lumière
était une lampe à incandescence et les mesures étaient faites par photographie avec un spectrographe à prisme de verre. La figure 6

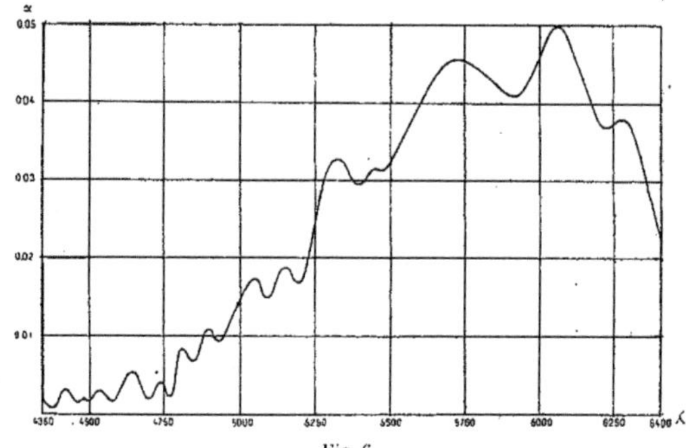

Fig. 6.

donne la courbe spectrale d'absorption (valeurs du coefficient α en
fonction de la longueur d'onde). Le maximum d'absorption a lieu
pour $\lambda = 6100$, et la valeur correspondante du coefficient est seulement de 0,05; il faut une épaisseur d'ozone pur de 6^{cm} pour réduire
de moitié cette radiation.

15. **Bandes infrarouges**. — K. Angström a montré, en 1904, que
l'ozone présente deux bandes d'absorption dans l'infrarouge, l'une

à $4^\mu,8$, l'autre entre 9 et 10^μ. Ces observations ont été confirmées en 1906 par Ladenburg et Lehmann [26], qui ont donné des valeurs de l'absorption produite par des colonnes d'oxygène ozonisé de composition inconnue.

L'interprétation de ces résultats présente les difficultés que l'on trouve ordinairement dans l'infrarouge : le pouvoir de résolution des appareils spectroscopiques est toujours médiocre dans cette région, et il n'est pas certain que les bandes d'absorption soient résolues en leurs éléments ultimes. Les coefficients d'absorption mesurés peuvent être, en réalité, des moyennes portant sur un intervalle où ce coefficient prend des valeurs très diverses; l'application de la loi exponentielle pour calculer l'intensité en fonction de l'épaisseur traversée conduit alors à des résultats complètement inexacts.

De nouvelles études sur l'absorption dans l'infrarouge seraient nécessaires.

CHAPITRE III.

ÉTUDE DE L'EXTRÉMITÉ ULTRAVIOLETTE DU SPECTRE SOLAIRE.

16. **Mesure de l'absorption atmosphérique.** — Pour trouver la cause de la limitation du spectre solaire du côté des petites longueurs d'onde (*voir* § 1), il est nécessaire de mesurer l'absorption atmosphérique et de tracer la courbe spectrale d'absorption dans la région qui nous occupe. Si ce résultat est obtenu, on pourra comparer cette courbe avec celle des gaz absorbants : s'il y a superposition entre la courbe atmosphérique et celle d'une certaine épaisseur d'un gaz, on aura la certitude que c'est bien ce gaz qui produit l'absorption, et l'on connaîtra l'épaisseur totale qui est contenue dans l'atmosphère. Une fois l'absorption connue on pourra, des intensités observées dans le spectre à la surface de la Terre, remonter aux intensités dans le rayonnement émis par le Soleil avant toute absorption terrestre.

C'est ce programme que nous avons réalisé dans des recherches commencées en 1912 [7] et poursuivies en 1920 [8].

Les mesures de coefficients d'absorption ont été faites par la méthode de Bouguer-Langley. Dans le cas qui nous occupe, quelques difficultés particulières se présentent. Tout d'abord, la région du spectre que nous voulons étudier est de très faible intensité par rapport à celle de la partie visible et du commencement de l'ultraviolet, ce qui rend très importante l'influence de la lumière diffusée par les pièces de spectrographe. On s'en aperçoit facilement en essayant de photographier l'ultraviolet du spectre solaire avec un spectrographe ordinaire en quartz; il est impossible de faire une pose longue sans obtenir un voile sur toute la plaque et en particulier sur la partie faible de l'ultraviolet, et l'on ne gagne rien en prolongeant les poses.

D'autre part, dans cette même région le coefficient d'absorption varie extrêmement vite avec la longueur d'onde; il passe par exemple de 0,35 à 16 pour des longueurs d'onde allant de 3200 à 2900, soit un intervalle de 300 angströms. Il en résulte qu'il faut employer un appareil dispersif et un appareil récepteur ayant un bon pouvoir séparateur; il faut d'autre part que l'appareil récepteur ait une bonne sensibilité pour enregistrer et mesurer des radiations très faibles.

Ces considérations nous ont conduit à faire nos mesures par photographie et à employer un spectrographe double. Ce spectrographe est celui qui a été décrit page 16. La lumière lui était envoyée par réflexion sur un prisme à réflexion totale en quartz monté sur un héliostat; une lentille en quartz-fluorine de 30^{cm} de distance focale donnait sur la fente une image du Soleil.

La région spectrale étudiée va de 2900 à 3150 environ. Dans cet intervalle, qui occupe sur notre spectre environ 30^{mm}, l'intensité varie énormément; il est impossible d'obtenir en une seule pose toute la région étudiée. Par exemple, si avec une certaine plaque photographique, une pose de 1 minute donne un noircissement convenable pour la région 2975, le même noircissement serait obtenu en un centième de seconde pour 3100. L'artifice suivant a remédié au manque de souplesse de la méthode photographique, qui ne permet guère une échelle de mesures dépassant le rapport de 1 à 100.

Sur une partie de la fente S où se projette le spectre produit par le premier spectrographe (*fig.* 2) nous plaçons des écrans absorbants d'opacité mesurée, qui réduisent dans un rapport connu l'intensité des radiations qui les traversent. On affaiblit ainsi les radiations trop intenses, en laissant librement passer les autres. On obtient alors sur la plaque un spectre partagé en plusieurs régions, qui toutes ont reçu une impression convenable.

Les écrans sont des couches de plaques photographiques, développées et renforcées au chlorure mercurique (pour éviter l'absorption trop sélective de l'argent), puis détachées de leur support de verre ([1]). Par exemple, dans les mesures faites pendant l'été de 1920, la région du spectre de longueur d'onde inférieure à 2990 ne traversait aucun écran; la région entre 2990 et 3040 traversait un écran dont la densité optique est environ 1,1 (transmission 8 pour 100); la région de longueur d'onde supérieure à 3040 traversait deux écrans superposés, ayant ensemble une densité d'environ 3,3 (transmission 0,05 pour 100).

La détermination des coefficients de transmission atmosphérique exige toute une journée d'observation. Sur une plaque, avec le même temps de pose, on prend une série de spectres. La pose de midi est accompagnée de poses de même durée, faites en réduisant les intensités dans des rapports connus par interposition, avant la fente du spectrographe, d'écrans en pellicules photographiques noircies et renforcées, dont l'absorption a été mesurée dans les différentes régions du spectre. Ces poses permettent de tracer la courbe de noircissement de la plaque, et par suite de remonter des *densités* photographiques, mesurées avec le microphotomètre, aux éclairements reçus par la plaque pendant la pose. Il est bon de ne développer la plaque que le lendemain du jour de l'exposition, pour éviter l'influence du temps écoulé entre la pose et le développement sur le noircissement.

On mesure au microphotomètre, sur toutes les poses, les noircissements en un certain nombre de points choisis une fois pour toutes en des régions où les raies de Fraunhofer ne sont pas trop abondantes. De ces mesures, au moyen de la courbe de noircissement, on remonte aux *intensités* des diverses radiations aux diverses heures de la journée. Le tableau suivant donne un exemple du résultat ainsi obtenu; les valeurs inscrites sont les logarithmes des intensités. Pour chaque radiation, l'unité est arbitraire, et il n'est pas nécessaire que, d'une radiation à une autre, il y ait un rapport d'unités connu; en d'autres termes, un nombre arbitraire pourrait être ajouté sans inconvénient à tous les nombres d'une même colonne.

---

[1] Ces écrans ne sont pas pleinement satisfaisants; ils sont fragiles et de plus ils ont l'inconvénient de diffuser une partie de la lumière qui les traverse; les images finales sont moins bonnes dans la partie du spectre qui a été affaiblie par ces écrans, qui ne peuvent être entièrement dans le plan où se forme le spectre.

Depuis, des écrans en quartz platiné ont été employés par M. Buisson, et ont donné de très bons résultats.

Longueurs d'onde en angströms.

h m	sec z	2922.	2931.	2936.	2946.	2956.	2963.	2997.	3022.	3052.	3104.	3143.
8.22	1,526	–	–	–	–	0,47	0,88	2,56	3,12	4,01	4,59	4,84
8.39	1,440	–	–	–	0,20	0,78	1,15	2,76	3,33	4,15	4,69	4,91
8.56	1,567	–	–	–	0,45	1,03	1,43	2,91	3,47	4,24	4,79	4,99
9.16	1,295	–	–	0,27	0,75	1,33	1,63	3,13	3,60	4,39	4,82	5,06
9.38	1,232	–	0,25	0,53	1,03	1,57	1,88	3,31	3,73	4,48	4,89	5,16
10. 2	1,177	–	0,46	0,75	1,23	1,76	2,11	3,41	3,82	4,52	4,95	5,19
10.31	1,128	0,20	0,60	0,91	1,36	1,88	2,21	3,46	3,90	4,56	4,98	5,20
11.25	1,077	0,37	0,78	1,11	1,53	2,08	2,33	3,58	4,00	4,62	5,02	5,22
13.22	1,118	0,26	0,69	0,99	1,45	1,98	2,31	3,53	3,95	4,61	5,01	5,22
13.52	1,165	–	0,48	0,76	1,25	1,78	2,11	3,43	3,85	4,54	4,96	5,17
14.24	1,237	–	0,26	0,51	1,02	1,57	1,94	3,31	3,76	4,51	4,95	5,14
14.44	1,295	–	–	0,33	0,80	1,37	1,80	3,16	3,63	4,42	4,83	5,07
15. 4	1,367	–	–	–	0,56	1,17	1,48	3,01	3,53	4,33	4,85	5,03
15.20	1,435	–	–	–	0,31	0,91	1,31	2,89	3,45	4,24	4,77	4,98
15.46	1,573	–	–	–	–	0,51	0,85	2,62	3,21	4,08	4,66	4,85

Pour chaque longueur d'onde, on trouve naturellement une décroissance d'intensité quand le Soleil s'abaisse, ce qui dénote l'absorption
atmosphérique. Celle-ci est due aux diverses causes énumérées plus
haut; il s'agit de séparer ce qui est dû à l'absorption vraie.

L'affaiblissement dû à la diffusion moléculaire est connu; pour
chaque longueur d'onde on peut calculer la *densité optique de
l'atmosphère au zénith* due à cette cause supposée seule; soit β cette
quantité, qui est connue.

L'absorption due aux autres particules étrangères (brume) est
inconnue; elle peut varier d'un instant à un autre, mais nous admet-
trons qu'elle est indépendante de la longueur d'onde. Soit, au
moment d'une certaine observation, δ la densité optique de l'atmosphère, due à la brume, pour les rayons venant du Soleil; au cours
d'une journée, c'est une fonction inconnue de l'heure, mais non de
la longueur d'onde, dans la petite région spectrale qui nous occupe.

Considérons enfin l'absorption vraie, due au gaz inconnu qui doit
exister dans l'atmosphère. Pour une certaine longueur d'onde λ, la
densité optique de l'atmosphère au zénith a une valeur m; nous admet-
trons que la composition de l'atmosphère est la même au cours de la
journée d'observation, et que par suite m est constant; c'est une fonction de λ, qui augmente rapidement quand λ diminue.

Soit, pour la radiation λ, I_0 l'intensité du rayonnement solaire hors de l'atmosphère. A un instant donné, où la distance zénithale du Soleil est z, cette même radiation a une intensité I, et l'on a

$$(3) \qquad \log I = \log I_0 - (m + \beta)\,\text{séc}\,z - \delta,$$

dans laquelle δ représente l'effet global de la brume, quantité indépendante de λ, mais irrégulièrement variable d'un moment à l'autre.

Pour une autre radiation λ', au même instant, on a une relation analogue

$$(4) \qquad \log I' = \log I'_0 - (m' + \beta')\,\text{séc}\,z - \delta.$$

D'où, en retranchant les deux équations,

$$(5) \qquad \log I - \log I' = K - (m - m' + \beta - \beta')\,\text{séc}\,z,$$

K étant une quantité indépendante de z.

Prenons pour λ' une radiation fixe $\lambda' = 3143$ pour laquelle l'absorption est relativement faible. La différence des logarithmes des intensités des radiations λ et 3143 doit varier linéairement en fonction de $\text{séc}\,z$, et la *pente* de la droite ainsi obtenue donne la quantité $m - m' + \beta - \beta'$.

La figure 7 donne le diagramme ainsi tracé, pour les diverses longueurs d'onde, en partant des nombres du tableau. On en déduit les *pentes p* indiquées dans la colonne 6 du tableau suivant. Connaissant d'autre part les valeurs de β et β' (diffusion moléculaire), on en déduit les valeurs de $m - m'$ (colonne 7 du même tableau).

$\lambda.$	$\beta.$	$\beta - \beta'.$	$\alpha.$	$\alpha - \alpha'.$	$p.$	$m - m'.$	$x.$
2931	0,47	0,11	11,2	10,5	3,15	3,04	0,290
2936	0,46	0,10	10,5	9,8	3,16	3,06	0,312
2946	0,46	0,10	9,3	8,6	2,78	2,68	0,312
2956	0,45	0,09	8,1	7,4	2,66	2,57	0,347
2963	0,45	0,09	7,4	6,7	2,37	2,28	0,340
2997	0,43	0,07	4,7	4,0	1,32	1,25	0,309
3022	0,42	0,06	3,4	2,7	0,96	0,90	0,333
3052	0,40	0,04	2,3	1,6	0,44	0,40	0,320
3143	0,36	0,00	0,7	0	0	0	—

Ces valeurs doivent être comparées aux coefficients d'absorption des substances qui peuvent causer cette absorption. Si pour une certaine substance les deux phénomènes suivent la même loi en fonction de la longueur d'onde, on pourra affirmer que c'est elle qui produit l'absorption. Si α est le coefficient d'absorption mesuré au

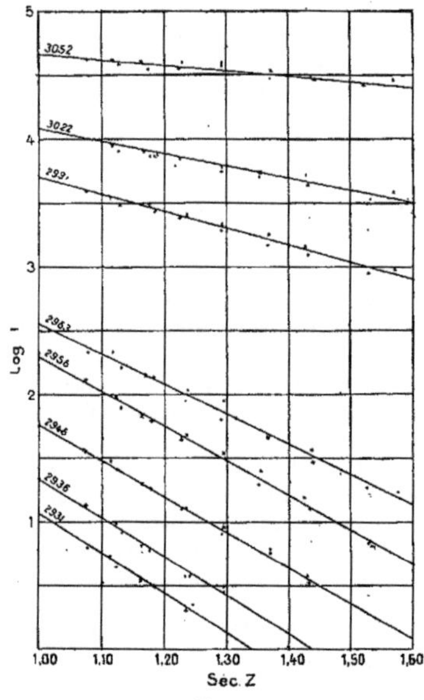

Fig. 7.

laboratoire de la substance considérée, x son épaisseur, on doit avoir

$$m = \alpha x, \qquad m' = \alpha' x,$$
$$m - m' = (\alpha - \alpha') x.$$

Par suite,

$$\frac{m - m'}{\alpha - \alpha'} = x$$

doit être indépendant de la longueur d'onde.

La comparaison pour l'ozone est faite dans le tableau précédent.

On voit que les valeurs de x (dernière colonne du tableau) obtenues par les différentes radiations sont sensiblement égales ; la concordance est encore meilleure si l'on excepte les deux valeurs extrêmes moins sûres que les autres. La conclusion s'impose ; c'est bien l'ozone qui limite par son absorption le spectre solaire.

Cette conclusion étant admise, ce qui précède fait connaître la quantité d'ozone contenue dans l'atmosphère. Cette quantité sera exprimée par l'épaisseur en centimètres de ce gaz, à l'état pur, sous la pression atmosphérique, qui produirait l'absorption observée. Ce n'est pas autre chose que la quantité x que l'on vient de calculer. Dans l'exemple précédent on peut admettre comme valeur la plus probable 0,325 cm. Ainsi, tout l'ozone contenu dans l'atmosphère, s'il était séparé à l'état pur et ramené à la pression atmosphérique, formerait une couche d'environ 3^{mm} d'épaisseur.

Nous reviendrons plus loin sur les variations de cette quantité.

17. Mesure des diverses causes d'absorption atmosphérique. — La méthode qui précède a été combinée de manière à éliminer l'effet de la « brume ». Si l'on se borne à tracer un diagramme donnant, pour une radiation déterminée, $\log I$ en fonction de $\sec z$, on obtient le plus souvent des points assez irrégulièrement dispersés, et cela tient évidemment aux variations de la brume au cours d'une journée.

Cependant, par certaines journées exceptionnelles, on trouve des points bien alignés : la pente de la droite fait alors connaître la densité optique de l'atmosphère au zénith. Comme on connaît d'autre part les absorptions atmosphériques dues à l'ozone et à la diffusion moléculaire, on a par différence l'absorption produite par la brume.

Voici, comme exemple, les valeurs trouvées pour la journée du 7 juin 1920 à Marseille pour la radiation 3143 :

Densité de l'atmosphère due à l'ozone 0,23
        »   »   à la diffusion moléculaire 0,36
        »   »   à la brume 0,25
                                        Total 0,84

chacun de ces nombres est la valeur du rapport $\log \dfrac{I_0}{I}$ lorsque le Soleil est au zénith.

Ainsi, pour un astre au zénith, et pour cette journée d'observation, l'atmosphère laisse passer seulement 14 pour 100 de cette radiation 3143. L'ozone seul laisserait passer 60 pour 100, la diffusion moléculaire seule 44 pour 100 et la brume seule 57 pour 100.

D'autre part, quand on va vers les petites longueurs d'onde, l'absorption due à la diffusion moléculaire augmente un peu, mais celle due à l'ozone augmente formidablement. La dernière longueur d'onde sur laquelle nous avons pu faire des mesures ([1]) est à 2898. Admettant le nombre ci-dessus pour l'absorption par la brume, et supposant 0,325 cm d'ozone, on trouve que, pour 2898, la densité optique globale de l'atmosphère au zénith est 6,36, c'est-à-dire que pour un astre au zénith l'atmosphère transmet moins d'un demi-millionième du rayonnement incident: Il n'est pas surprenant que cette limite soit impossible à dépasser.

Cornu [1] avait observé la régression de la limite observable du spectre quand le Soleil s'éloigne du zénith; il avait résumé ses observations dans la formule empirique suivante : quand le Soleil est à la distance zénithale z la limite λ_m exprimée en angströms est donnée par la formule

$$\lambda_m = \text{const.} - 200 \log \cos z.$$

Ce résultat est en accord satisfaisant avec les propriétés de l'ozone. Admettons, en effet, que la limite du spectre se trouve au point où l'absorption atmosphérique atteint une valeur déterminée ou, ce qui revient au même, lorsque la densité optique de l'atmosphère traversée atteint une valeur déterminée K. Comme, en ce point, l'absorption par l'ozone est prédominante, raisonnons comme si elle existait seule. Alors la limite du spectre est définie par

$$\alpha x \sec z = K.$$

Prenant les logarithmes et remplaçant $\log \alpha$ par sa valeur (*voir* p. 20) il vient

$$\lambda_m = \text{const.} - 177 \log \cos z.$$

Cette relation (où l'épaisseur de la couche d'ozone ne figure pas) est de même forme que la formule empirique de Cornu; les coefficients de $\log \cos z$ dans les deux formules peuvent être considérés comme peu différents, étant donnée l'imprécision de la « limite du

---

([1]) La dernière trace d'impression photographique sur nos clichés à longue pose est à 2885.

spectre », les approximations faites, et aussi le fait que les couches supérieures de l'atmosphère ne sont pas traversées sous l'angle z.

18. Le spectre solaire débarrassé de l'absorption atmosphérique.

— L'absorption atmosphérique étant maintenant connue, on peut remonter des intensités observées aux intensités du rayonnement solaire avant toute absorption, et tracer la courbe spectrale d'intensité énergétique du spectre solaire.

Il faut, tout d'abord, tracer la courbe spectrale d'intensité énergétique du rayonnement reçu; la méthode la plus simple pour cela est d'opérer par comparaison avec le spectre d'un corps noir à température connue, ce qui élimine à la fois l'influence de la sensibilité sélective de la plaque photographique, celle de la loi de dispersion du spectrographe, et éventuellement de l'absorption sélective de cet appareil. C'est sur la courbe d'énergie ainsi obtenue que l'on tiendra compte de l'absorption atmosphérique.

Le tableau suivant donne les résultats relatifs aux observations du 7 juin 1920; on y a rassemblé aussi diverses données relatives à l'absorption pour les diverses radiations.

	Intensité du rayonnement émis par le Soleil.		Densité optique de l'atmosphère au zénith.	Intensité énergétique au sol.	
λ.	$\log I_0$.	$I_0 \times 10^{-4}$.		$\log I_1$.	I_1.
3143	5,19	15,5	0,84	4,35	22400
3104	5,17	14,7	0.99	4,18	15100
3052	5,41	25,6	1,40	4,01	10200
3022	5,20	15,8	1,77	3,43	2700
2997	5,34	21,8	2,32	3,12	1720
2963	5,22	16,6	3,10	2,12	132
2956	5,21	16,2	3,33	1,88	76
2946	5,13	13,5	3,73	1,40	25
2936	5,15	14,1	4,12	1,03	11
2931	5,10	12,6	4,36	0,74	5,5
2922	5,16	14,5	4,82	0,34	2,2
2919	5,02	10,5	5,08	$\bar{1},94$	0,87
2912	4,87	7,4	5,39	$\bar{1},48$	0,30
2906	4,40	2,5	5,78	$\bar{2},62$	0,04
2898	4,65	4,5	6,36	$\bar{2},29$	0 02

De ce tableau découlent un certain nombre de remarques. On

constate, dans la dernière colonne, l'extraordinaire décroissance que présente vers les petites longueurs d'onde l'intensité du spectre solaire observé à travers notre atmosphère; entre 3143 Å et 2898 Å, le rapport des intensités est d'environ un million quand le Soleil est au zénith. Cette formidable chute d'intensité n'est pas due à une diminution qui existerait dans l'émission du Soleil, mais bien à l'opacité presque complète pour les petites longueurs d'onde de l'atmosphère terrestre, qui ne laisse passer que un sur deux millions de la radiation 2898 Å.

Dans la suite des radiations étudiées, on constate, comme on devait s'y attendre, des variations irrégulières de l'intensité, émise par le Soleil. Elles s'expliquent par la distribution des raies d'absorption d'origine solaire très nombreuses dans cette région, et qui ne permettent pas de trouver une bande sans raies et d'atteindre ainsi le véritable spectre continu émis par la phostosphère. Malgré ces irrégularités on voit que dans la région la mieux étudiée, celle qui s'étend de 3143 Å à 2922 Å, il ne se manifeste aucune baisse systématique d'intensité lorsqu'on va vers les petites longueurs d'onde. Dans la région extrême, de 2917 Å à 2898 Å, nos mesures donnent beaucoup moins de sécurité, elles montrent seulement qu'il n'y a pas une baisse très rapide. L'opinion que la limitation du spectre est due à l'absorption par l'atmosphère solaire et non à celle de l'atmosphère terrestre est directement contredite par nos résultats : aussi loin que nous pouvons observer quelque chose dans le spectre, nous constatons que l'intensité hors de notre atmosphère ne subit pas de diminution brusque.

Cette conclusion est encore vérifiée par la comparaison des intensités des diverses radiations émises par le centre et le bord du Soleil. Si la limitation était produite par absorption dans les couches supérieures de l'atmosphère solaire, les rayons émis par le bord, traversant une épaisseur beaucoup plus grande de couche absorbante, devraient nous parvenir extrêmement affaiblis par rapport à ceux du centre. Un léger affaiblissement se constate en effet, comme on le sait. Nous avons voulu voir si vers l'extrémité ultraviolette cet affaiblissement prenait une allure telle qu'il pourrait expliquer la limitation du spectre solaire. Nous avons fait pour cela deux spectres, l'un du centre, l'autre du bord de l'image solaire projetée avec une lentille achromatique sel gemme-quartz, de un mètre de foyer. Le spectre du bord s'est trouvé environ deux fois moins intense que celui du centre, sans que cet affaiblissement varie d'une façon notable dans l'intervalle que nous avons toujours étudié.

19. **L'extrême ultraviolet; cause de son absence dans le spectre solaire.** — Dans la région des très courtes longueurs d'onde, vers 2200 et au-dessous, l'ozone reprend une certaine transparence ; d'après Duclaux et Jeantet [33], les 3^{mm} d'ozone existant dans l'atmosphère seraient incapables d'absorber les radiations de cette région si, comme c'est probable, elles sont émises par le Soleil ; il faut donc chercher une autre cause à leur absence. Duclaux et Jeantet ont suggéré une absorption par l'ammoniaque de la basse atmosphère : ils ont montré qu'une trace de ce gaz absorbe complètement les radiations de la région considérée.

S'il en était ainsi, il ne serait pas impossible de trouver un peu des radiations de la région 2100, à la condition d'observer à grande altitude. L'essai a été fait à l'observatoire du Mont Blanc (altitude 4360^{m}) par MM. Lambert, Chalonge et Déjardin [36] au moyen d'un spectrographe double qui permettait de photographier cette région sans aucun voile de lumière diffusée. Aucune trace des radiations cherchées n'a été observée.

Il est d'ailleurs très probable que l'oxygène, sous l'épaisseur atmosphérique même réduite en montagne, est suffisamment absorbant pour faire disparaître ces radiations [39].

CHAPITRE IV.

LES AUTRES BANDES DE L'OZONE DANS LE SPECTRE SOLAIRE.

On a vu au Chapitre II que l'ozone présente, en plus de la grande bande de Hartley, des bandes beaucoup plus faibles dans les diverses parties du spectre. Ces bandes ont toutes été observées dans le spectre solaire, apportant une confirmation complète à l'explication de la limitation du spectre solaire.

20. **Bandes de Huggins.** — Ainsi qu'on l'a expliqué au Chapitre II

l'existence de ces bandes dans la lumière des astres près de l'horizon a été montrée par Fowler et Strutt.

La nécessité, pour les observer, d'utiliser un astre loin du zénith résulte de la petitesse relative du coefficient d'absorption dans ces bandes, et surtout du petit écart entre les valeurs correspondant à un maximum et à un minimum voisins. Mais lorsque l'astre est près de l'horizon, sa lumière a traversé une épaisseur énorme de la basse et de la moyenne atmosphère, qui affaiblit beaucoup le rayonnement et en particulier la partie de faible longueur d'onde.

Cabannes et Dufay [42], [43] ont imaginé une ingénieuse méthode pour observer facilement ce spectre. Au lieu de prendre la lumière

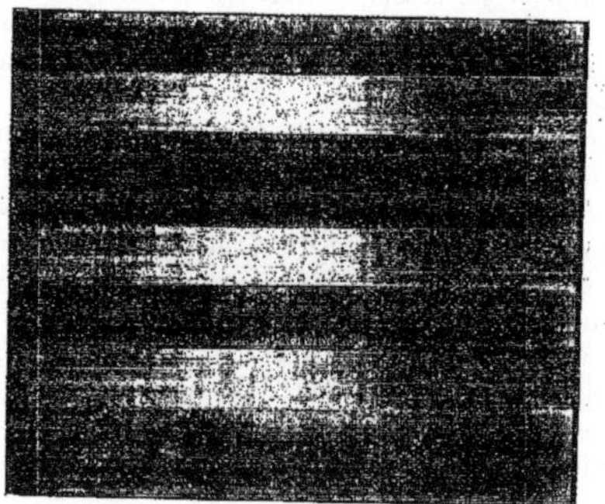

Fig. 8.

qui vient directement du Soleil, ils étudient, au moyen d'un spectrographe en quartz, la lumière qui vient du ciel bleu au zénith, lorsque le Soleil approche de l'horizon. Cette lumière est, pour la plus grande partie, diffusée par les couches moyennes de l'atmosphère; les basses couches sont traversées normalement, tandis que les très hautes couches, riches en ozone comme on le verra plus loin, ont été traversées très obliquement. On a ainsi, pour l'observation du spectre d'absorption de l'ozone, les avantages de la traversée oblique des couches riches en ozone sans avoir l'inconvénient d'un long trajet dans la « vase atmosphérique ». D'autre part, la diffusion par l'atmosphère favorise beaucoup la région ultraviolette par rapport au reste du spectre, ce qui rend beaucoup plus facile la photographie de la région intéressante. Par cette méthode, l'observation des bandes de Huggins, en tout temps et en tous lieux, est très facile. La figure 8 les montre très nettement; elle représente l'extrémité ultra-violette du spectre de la lumière du ciel zénithal, avec des hauteurs du Soleil au-dessus de l'horizon égales à 9", 8° et 6".

21. Bandes de Chappuis. — Bien que ces bandes soient situées dans la partie visible du spectre, elles ont longtemps passé inaperçues dans le spectre solaire(¹). Cela s'explique par la faible absorption dans ces bandes (maximum du coefficient égal à 0,05) et par le faible contraste entre les maxima et les minima. Les 3^{mm} d'ozone contenus dans l'atmosphère absorbent seulement 4 pour 100 du rayonnement le plus absorbé ($\lambda = 6100$).

Cependant, M. Cabannes a montré [35] que, sans le savoir, on les avait observées depuis longtemps. D'excellentes mesures, faites par Abbot et Fowle, donnent le coefficient d'absorption de l'atmosphère pour toute la région infrarouge, le visible et le commencement de l'ultraviolet: la « diffusion moléculaire » est responsable de la plus grande partie de cette absorption. Cependant, dans le rouge, l'orangé et le jaune, l'absorption observée est supérieure à celle que prévoit la théorie de la diffusion. L'écart mesure une vraie absorption, et celle-ci coïncide exactement avec l'absorption d'une couche d'ozone de 3^{mm}, calculée au moyen des nombres de Colange (*voir* p. 24). La figure 9 illustre très bien cette absorption. En abscisses sont portées les valeurs de $\frac{1}{\lambda}$ pour les diverses radiations; il en résulte que l'infrarouge est à gauche et l'ultraviolet à droite; en ordonnées sont portées

---

(¹) Il n'est peut-être pas inutile de rappeler ici l'étrange hypothèse, que l'on entend encore citer de temps en temps, d'après laquelle la couleur bleue du ciel serait due à l'ozone. Avant d'expliquer la *couleur* du ciel, il faut expliquer pourquoi il est *lumineux*; on sait que la diffusion moléculaire explique complètement les deux phénomènes. La présence d'un filtre bleu dans l'atmosphère donnerait un soleil bleu, et un ciel noir s'il n'y avait aucune cause de diffusion lumineuse.

D'autre part, il est parfaitement exact que l'ozone est bleu sous de grandes épaisseurs; mais ce ne sont pas les 3^{mm} contenus dans l'atmosphère qui sont suffisants pour cela; une épaisseur de l'ordre du décimètre d'ozone pur est nécessaire

les valeurs du coefficient d'absorption atmosphérique. Les valeurs
théoriques, en supposant la seule diffusion atmosphérique, sont alors
représentées par la droite inclinée; les points représentent les valeurs
mesurées par Abbot et Fowle. On voit que dans une grande partie
du spectre les points se placent très bien sur la droite; mais il y a

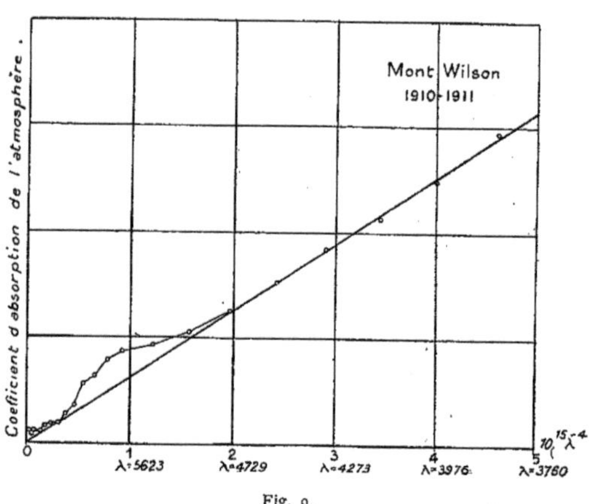

Fig. 9.

exception pour la région rouge orangé et jaune, où la courbe expérimentale est nettement au-dessus de la droite théorique. Ce sont
les écarts entre les deux courbes qui font connaître l'absorption
par l'ozone et conduisent à la parfaite concordance que l'on vient
d'indiquer.

22. Bandes infrarouges. — Ces bandes, situées assez loin vers
les grandes longueurs d'onde, dans des régions spectrales où le
rayonnement solaire est peu intense, ne sont pas d'une observation
facile; elles paraissent cependant avoir été décelées dans le spectre
solaire.

La bande $4^\mu,8$ est assez voisine de la bande $4^\mu,27$ du gaz carbonique, qui existe très intense dans le spectre solaire; elle a été cependant observée par Lindholm [38] dans des observations faites à Upsala en 1913, puis à Davos en 1919. Admettant une couche d'ozone atmosphérique de 3^{mm}, Lindholm calcule que le coefficient d'absorption aurait, au point où l'absorption est maximum, la valeur 0,15, valeur beaucoup plus faible que dans la bande de Hartley, mais beaucoup plus grande que dans la bande de Chappuis. Il faut toutefois faire les réserves indiquées page 25 sur l'application de la loi exponentielle d'absorption.

La bande de longueur d'onde 10$^{\mu}$ est encore plus difficile à observer dans le spectre solaire, à cause de l'extrème faiblesse du spectre solaire dans cette région: elle semble cependant avoir été observée par K. Angström et par Fowle [60].

On parlera plus loin de l'influence que peut avoir cette absorption infrarouge sur le rayonnement terrestre nocturne.

CHAPITRE V.

LOCALISATION DE L'OZONE ATMOSPHÉRIQUE.

23. Dosage dans la basse atmosphère. — Les recherches qu'on vient d'exposer démontrent la présence de l'ozone dans l'atmosphère et permettent d'en fixer la quantité totale; elles n'apprennent rien sur l'endroit où se trouve cet ozone.

L'hypothèse la plus simple consisterait à admettre que la teneur de l'air en ozone est constante dans toute l'atmosphère. Il est alors facile de calculer qu'une quantité totale d'ozone équivalente à une couche de 3^{mm} donnerait dans l'atmosphère une teneur en ozone de 4×10^{-7} en volume, ou en poids 60^{mg} dans 100^{kg} d'air, ou encore 80^{mg} dans 100$^{m^3}$ d'air.

Le dosage chimique de l'ozone dans l'air a été souvent effectué; en particulier, ce dosage a été fait tous les jours, de 1875 à 1908 à l'observatoire du Parc de Montsouris [39]. Les nombres ont varié autour de 2^{mg} par 100$^{m^3}$ d'air. M. Lespieau [37] trouve, à la surface du sol, 3^{mg} par 100^{kg} d'air, ce qui est à peu près du même ordre de grandeur; il trouve la même teneur au sommet du Mont Blanc.

Cette absence presque complète d'ozone dans la basse atmosphère a été confirmée en 1918 par une expérience de R. J. Strutt [41] dont nous avions suggéré le principe [7] en 1912. Elle consiste à déceler l'ozone non par une méthode chimique (où l'on peut toujours craindre de confondre l'ozone avec quelque autre corps oxydant) mais par ses propriétés absorbantes pour l'ultraviolet. Une source riche en radiations de courte longueur d'onde est étudiée au moyen d'un spectrographe placé à quelques kilomètres de distance; la moindre trace d'ozone est décelée par l'absorption excercée. Opérant sur une distance de $6^{km},45$, Strutt trouva que la raie 2536 A du mercure est observable; si l'air contenait la proportion d'ozone correspondant à la couche de 3^{mm} uniformément répartie, l'intensité de cette raie serait, par absorption, multipliée par 10^{-30}; elle serait donc absolument inobservable. Au contraire, l'expérience de Strutt n'est pas en désaccord avec le résultat des dosages chimiques; les nombres de Montsouris (10^{-8} d'ozone en volume) conduisent en effet à une réduction au dixième environ.

Des mesures de l'absorption par la basse atmosphère, faite aux États-Unis par Dawson, Granath et Hulburt, conduisent aux mêmes conclusions [59].

Il ne faut donc pas chercher l'ozone atmosphérique dans les basses couches de l'atmosphère. Nous avons vu que l'on ne trouve aucun prolongement appréciable du spectre solaire en s'élevant à 9000^{m}; bien qu'à cette observation manquent des mesures de coefficient d'absorption, on peut en conclure qu'en s'élevant à cette hauteur on n'a laissé au-dessous de soi qu'une faible fraction de l'ozone total. C'est donc au-dessus de la portion d'atmosphère accessible à l'homme qu'il faut chercher la plus grande partie de l'ozone contenu dans l'atmosphère.

24. **Évaluation de l'altitude à laquelle se trouve l'ozone.** — Nous avons indiqué [8], en 1921, le principe d'une méthode pour évaluer l'altitude à laquelle se trouve l'ozone. Elle est basée sur l'observation de la décroissance d'intensité d'une radiation du spectre solaire lorsque le Soleil s'abaisse jusqu'à l'horizon.

Lorsque le Soleil s'éloigne du zénith, toutes les couches d'air sont traversées obliquement; si l'on peut négliger la courbure de la Terre toutes ces couches sont traversées sous le même angle et toutes les épaisseurs sont multipliées par la sécante de la distance zénithale ; mais lorsque cet angle devient grand l'effet de la courbure des couches n'est plus négligeable, et les hautes couches sont traversées moins obliquement que les basses. La loi exacte d'affaiblissement des radiations fait donc intervenir la hauteur à laquelle se produit l'absorption, et la comparaison des résultats d'observation avec la loi théorique peut donner une indication sur cette hauteur.

Le calcul est simple si l'on suppose (ce qui n'est évidemment qu'une approximation) que l'ozone est réparti en une couche mince situce à une altitude qu'il s'agit de déterminer.

Soient (*fig.* 10) R le rayon terrestre, h l'altitude de la couche

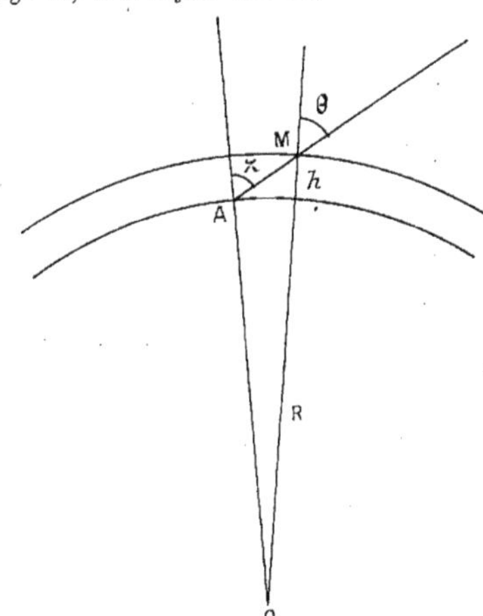

Fig. 10.

d'ozone. Lorsque l'observateur placé en A voit le Soleil sous la distance zénithale z, les rayons qui lui parviennent ont traversé la couche d'ozone sous un angle θ inférieur à z. En négligeant la réfraction atmosphérique, le triangle AMO donne l'égalité

$$\frac{\sin \theta}{R} = \frac{\sin z}{R + h}.$$

Une épaisseur infiniment petite ε située à l'altitude h est traversée sous l'épaisseur ε séc θ, et si D_0 est sa densité optique quand le Soleil est au zénith, cette densité devient, quand le Soleil est à la distance zénithale z :

$$D = D_0 \sec \theta = D_0 \frac{R + h}{\sqrt{(R + h)^2 - R^2 \sin^2 z}}.$$

C'est une fonction de la distance zénithale, où entre l'altitude; l'étude expérimentale de D en fonction de z doit permettre, par comparaison avec la formule, d'évaluer h.

Il est commode d'exprimer l'altitude en prenant comme unité le rayon terrestre, et de poser $u = \dfrac{h}{R}$. On a alors

$$D = D_0 \frac{1 + u}{\sqrt{\cos^2 z + 2u + u^2}}.$$

Soient, pour la radiation considérée, α le coefficient d'absorption de l'ozone, et x l'épaisseur de la couche d'ozone ramenée à l'état pur et aux conditions normales. Alors $D_0 = \alpha x$, et en posant

$$(6) \qquad \varphi(z) = \frac{1 - u}{\sqrt{\cos^2 z + 2u + u^2}},$$

on a

$$D = \alpha x \varphi(z).$$

D'autre part, l'ensemble de l'atmosphère exerce, par diffusion, brume, etc., une absorption correspondant à une densité optique δ, qui dépend très peu de la longueur d'onde, mais varie d'une manière inconnue d'un instant à un autre.

L'intensité I de la radiation λ en fonction de z est donnée par

$$\log I = \log I_0 - \alpha x \varphi(z) - \delta.$$

Pour une autre radiation λ' on aura

$$\log I' = \log I'_0 - \alpha' x \varphi(z) - \delta.$$

D'où, en retranchant :

$$(7) \qquad \log \frac{I}{I'} = \text{const.} - (\alpha - \alpha') x \varphi(z).$$

En faisant une série de mesures au cours d'une journée, on obtient les valeurs de $y = \log \frac{1}{r}$, connues à une constante près, et l'on peut tracer la courbe donnant y en fonction de la distance zénithale z. D'autre part, les équations (6) et (7) permettent de tracer cette même courbe pour les diverses valeurs de la variable u, qui définit la hauteur de la couche d'ozone. En cherchant quelle est la courbe théorique qui se rapproche le plus de la courbe observée, on a la hauteur de la couche d'ozone.

La figure 11 donne les courbes pour les altitudes 0, 10^{km}, 20^{km}, 50^{km}, 100^{km}. En abscisses on a porté les valeurs de séc z; la courbe est alors une ligne droite pour l'altitude zéro, et les autres courbes

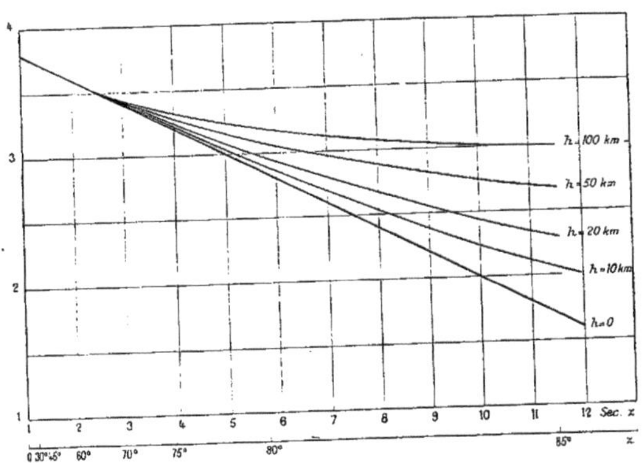

Fig. 11.

diffèrent de la droite d'autant plus que l'altitude de la couche d'ozone est plus grande. Toutefois, les diverses courbes ne se séparent nettement que pour des valeurs de la distance zénithale assez grandes; elles sont sensiblement confondues pour les valeurs de séc z inférieures à 2, c'est-à-dire pour toutes les distances zénithales inférieures à 60° Il est par suite nécessaire de pousser les observations jusqu'au voisinage de l'horizon.

Ceci rend impossible l'observation directe en des stations de faible altitude, à cause de l'absorption par les basses couches, traversées sous une épaisseur infinie au coucher du Soleil et faisant disparaître tout l'ultraviolet.

Des mesures ont été faites au Mont Blanc par Lambert, Déjardin et Chalonge [34] en 1923. A la même époque, le problème a été résolu par Cabannes et Dufay [42], [43] à Montpellier, en employant leur méthode d'observation du ciel au zénith. Les poses photographiques sont faites, à diverses heures de la journée, et jusqu'au coucher du Soleil, en dirigeant le spectrographe vers le zénith; après la mesure des intensités, les nombres sont traités comme il vient d'être indiqué. Par la même méthode, des mesures ont été faites plus tard par Götz et Dobson [45] à Arosa (Suisse), et à Toronto (Canada) par Mc Lennan, Ruedy et Mrs Krotkov [44].

Toutes ces mesures concordent pour placer l'ozone vers 50^{km} d'altitude.

Il est d'ailleurs évident que l'hypothèse faite n'est que schématique; l'ozone n'est certainement pas localisé en une couche mince occupant une altitude définie; il est réparti dans toute l'atmosphère, d'une manière non homogène et suivant une loi inconnue. Le problème complet consiste en la détermination de cette loi de répartition, qui pourrait être définie de la manière suivante : à la hauteur h une couche d'atmosphère d'épaisseur dh contient une couche d'ozone (ramené pur à la pression atmosphérique) $\varepsilon\,dh$. La quantité ε caractérise la quantité d'ozone à la hauteur h; le problème serait de déterminer la fonction $\varepsilon = F(h)$.

Rosseland [60] a fait remarquer que l'observation complète de la loi de décroissance de l'intensité en fonction de la distance zénithale permettrait, théoriquement, de déterminer cette fonction. En traitant mathématiquement le problème, on trouve que la fonction cherchée $F(h)$ entre dans une équation intégrale qui contient, comme fonction connue, celle qui exprime la loi de décroissance de l'intensité en fonction de la distance zénithale. Il est malheureusement douteux que l'application de cette méthode soit réellement possible, à cause de l'insuffisante précision des mesures d'intensité.

La conclusion certaine de tout ce qui précède est la suivante : l'ozone est, pour la plus grande part, localisé à une très grande altitude, bien au-dessus des régions accessibles.

CHAPITRE VI.

VARIATIONS DE LA COUCHE D'OZONE ET CAUSES DE SA PRODUCTION.

25. Mesure des variations. — On a signalé, en passant, que la quantité totale d'ozone contenue dans l'atmosphère n'est pas constante: elle subit des changements qui se manifestent par des variations assez importantes d'un jour à l'autre dans l'intensité de l'extrémité ultraviolette du spectre solaire.

Dans nos mesures [8], faites en 1920, nous avions observé de telles variations, mais la méthode de mesure, établie pour donner la valeur de la quantité totale d'ozone, est relativement longue; elle nécessite plusieurs poses successives sur la même plaque au cours d'une journée, et le dépouillement en est pénible.

Nous avons indiqué une méthode plus rapide, que nous avons utilisée pendant quelques semaines en 1920 et qui a été ensuite employée systématiquement dans une série de mesures par Buisson et Jausseran à Digne [48], en 1926, et par Buisson à Marseille [49], en 1927 et 1928. Voici en quoi elle consiste :

Sur une même plaque, on fait chaque jour une pose dans des conditions identiques, en général, au voisinage de midi. Une seule fois, on fait en plus une pose à travers un écran, en vue d'avoir ce qui est nécessaire pour le calcul des intensités. On peut ainsi réunir sur une seule plaque les données relatives à une vingtaine de jours différents. Après développement, la plaque est mesurée au microphotomètre et l'on en déduit les valeurs des intensités des diverses radiations pour les jours correspondants. D'un jour à l'autre, se manifestent des différences d'intensité dues à l'inégale quantité de brume présente dans l'atmosphère; toutes les radiations seraient modifiées dans le même rapport si la quantité d'ozone restait la même. Il n'en est pas ainsi; d'un jour à l'autre, la répartition des intensités dans le spectre subit de grandes variations.

Nous donnerons comme exemple les cas des deux journées du 10 et du 21 juin 1920. Le tableau suivant donne, pour ces deux jours, à midi, les logarithmes des intensités des diverses radiations.

$\log I$:	$\lambda = 3143.$	3101.	3052.	3022.	2997.	2956.	2946.	2936.	2931.	2922
10 juin......	5,30	5,13	4,72	4,04	3,55	1,93	1,51	0,97	0,74	0,30
21 juin......	5,35	5,17	4,84	4,15	3,80	2,24	1,94	1,54	1,31	0,84
Différence.	0,05	0,04	0,12	0,11	0,25	0,31	0,43	0,57	0,57	0,54

Il ressort immédiatement que, pour 3143 Å, les intensités sont presque les mêmes, et que les différences vont en croissant régulièrement de telle sorte que pour 2922 Å, le spectre est près de trois fois plus faible le 10 juin que le 21. L'épaisseur d'ozone traversée est donc notablement plus grande le 10 que le 21 et, comme la distance zénithale est pratiquement la même dans les deux observations, il faut en conclure que la quantité d'ozone présente dans l'atmosphère est plus considérable.

Il arrive quelquefois qu'il y ait inversion entre les intensités relatives à deux jours, l'intensité pour les grandes longueurs d'onde, telles que 3143, étant plus forte un jour qu'un autre, tandis que ce dernier jour, c'est l'intensité des petites longueurs d'onde, telles que 2922, qui est plus grande que celle du premier jour. C'est la preuve indéniable que les variations de l'extrémité du spectre ne sont pas dues à l'importance plus ou moins grande des poussières et des brumes, qui auraient un effet assez uniforme, croissant un peu vers les petites longueurs d'onde, mais bien qu'on doit les attribuer à une absorption sélective, celle de l'ozone.

On peut aller plus loin que cette comparaison qualitative et fixer chaque jour la quantité d'ozone. On prend pour cela les intensités correspondant à deux des radiations déjà étudiées; soient I et I' ces intensités telles qu'elles résultent de la mesure du cliché. Leurs intensités hors de l'atmosphère sont connues (*voir* tableau p. 33): soient I_0 et I'_0 leurs valeurs. Pour les mêmes radiations, les coefficients d'absorption de l'ozone sont α et α', et les coefficients d'affaiblissement par diffusion moléculaire β et β'; enfin, la brume produit sur les deux radiations un même affaiblissement δ. Si z est la distance zénithale du Soleil au moment de l'observation et x l'épaisseur d'ozone traversée par les rayons verticaux, on a

$$\log I = \log I_0 - (\alpha x + \beta)\,\sec z - \delta$$

et

$$\log I' = \log I'_0 - (\alpha' x + \beta') \sec z - \delta.$$

Retranchant membre à membre pour éliminer δ et résolvant par rapport à x, il vient

$$x = \frac{(\log I' - \log I) - (\log I'_0 - \log I_0) - (\beta - \beta') \sec z}{(\alpha' - \alpha) \sec z}.$$

On peut combiner ainsi deux radiations quelconques, mais il y a évidemment avantage à choisir deux radiations éloignées parmi celles dont la mesure se fait dans de bonnes conditions. Si l'on choisit les deux radiations 2931 Å et 3104 Å, la formule devient

$$x = \frac{\log I' - \log I - 0,48}{10,1 \sec z} - 0,01.$$

Le tableau suivant donne pour quelques jours de mai et juin 1920 les valeurs de x (épaisseur en centimètres d'ozone pur, comptée suivant la verticale).

21 mai	0,304	5 juin	0,297
25 »	0,310	7 »	0,325
27 »	0,298	9 »	0,321
28 »	0,290	10 »	0,335
29 »	0,275	11 »	0,314
31 »	0,306	21 »	0,286
4 juin	0,293	23 »	0,289

Les variations sont indubitables. D'autres déterminations faites dans l'été de 1919 avaient conduit au même résultat avec des variations de même ordre de grandeur.

Le mode de calcul suivi suppose naturellement que les intensités I_0 et I'_0, celles des radiations en dehors de l'atmosphère sont restées les mêmes, et de plus que les plaques photographiques ne varient pas.

Dans les mesures de 1927 et 1928, Buisson a suivi une marche un peu différente. Le dispositif expérimental est encore celui du spectroscope double à deux couples croisés de prismes de quartz, mais les distances focales du second spectrographe étaient plus grandes; la partie utilisée du spectre s'étend sur environ 40^{mm}. L'affaiblissement des parties intenses était obtenu par une lame de quartz portant des plages contiguës, d'épaisseurs diverses, de platine, préparées par projection cathodique. La graduation de la plaque photographique était réalisée par plusieurs poses faites par interposition de lames de quartz recouvertes d'une couche de platine et dont on avait mesuré la transmission une fois pour toutes.

Par une série de poses faites au cours d'une même journée pour différentes hauteurs du Soleil, on détermine, comme il a été exposé plus haut, l'absorption de plusieurs longueurs d'onde en fonction de l'épaisseur d'air traversée. D'après les coefficients d'absorption de l'ozone, on en déduit la quantité d'ozone qui a produit cette absorption. Cela suppose que la masse absorbante ne varie pas pendant l'ensemble des poses, cas souvent réalisé et qui est établi par la régularité des mesures. Il n'en est d'ailleurs pas toujours ainsi, et il arrive qu'on tombe sur une journée de variation rapide et qu'on puisse suivre cette variation du matin au soir. On connaît ainsi l'épaisseur d'ozone pour plusieurs jours bien choisis, un par semaine environ. C'est là ce qu'on peut appeler des mesures absolues.

On fait, d'autre part, une série de mesures comparatives, en prenant sur une même plaque, pendant une quinzaine, une pose par jour, le Soleil étant chaque fois à la même hauteur. On obtient ainsi, de la façon la plus directe, la variation d'un jour à l'autre. Ces clichés de quinze jours empiètent les uns sur les autres, se raccordent et forment un ensemble cohérent, qui a pour base les mesures absolues.

26. Mesures de Dobson et de ses collaborateurs. — Une méthode analogue, mais avec des appareils différents, a été employée par Dobson, qui a entrepris une étude très complète de ces variations avec l'aide de plusieurs collaborateurs en diverses stations. Nous allons donner quelques précisions sur les appareils et les méthodes de mesure employés [17].

Le spectrographe est un simple spectrographe de Féry, que l'on dirige directement vers le Soleil avec interposition du filtre à brome et chlore (*voir* p. 15). Cet appareil a l'avantage de produire peu de lumière diffusée. De plus, il donne de la fente relativement courte une longue ligne focale, le long de laquelle l'éclairement est à peu près constant et est susceptible de varier de façon connue, par interposition d'un coin absorbant. Ce coin est placé presque au contact de la plaque, son arête parallèle à la longueur du spectre. Il est constitué par de la gélatine teintée et interposée entre deux lames de quartz

faisant entre elles un petit angle. La plaque reçoit ainsi, pour chaque
radiation, un éclairement dont le logarithme diminue suivant une loi
linéaire en fonction de la distance à une ligne de repère longitudinale ; le facteur de proportionnalité est déterminé une fois pour toutes,
pour chaque radiation, par l'étude du coin photométrique. Après
développement, ou obtient des spectres ayant l'aspect de ceux de la
figure 12. Sur chaque plaque, on photographie une seule image du
spectre, avec une pose de 30 secondes. De plus, une bande parallèle
au spectre est exposée pendant quelque temps au rayonnement d'une
lampe électrique, maintenue sous régime fixe à travers un écran qui
ne laisse passer que la région 3600.

La mesure de la plaque est faite au moyen d'un microphotomètre
à cellule photo-électrique. Pour un certain nombre de longueurs
d'onde choisies, on cherche le point du spectre, défini par sa distance à une ligne de repère longitudinale, où la densité est la même
que celle de la bande étalon. Si y est cette distance, I l'intensité de la
radiation considérée, K la constante du coin, on a

$$I \times 10^{-Ky} = \text{const.}$$

ou

$$\log I = \text{const.} + Ky.$$

En faisant dans une journée une série de poses sur des plaques différentes, on pourra, pour chaque radiation, tracer la courbe donnant $\log I$ en fonction de $\sec z$ comme il a été indiqué page 29 ; la
constante de la formule précédente n'intervient pas.

Pour les mesures quotidiennes, Dobson emploie une méthode dite
« courte » (short method), analogue à celle décrite page 47. Il
choisit deux longueurs d'onde, λ et λ', et calcule x par la formule

$$x = \frac{(\log I' - \log I) - (\log I_0 - \log I'_0) - (\beta - \beta')\sec z}{(\alpha' - \alpha)\sec z},$$

après avoir mesuré une fois pour toutes la valeur de $\log I_0 - \log I'_0$.
On fait l'hypothèse que toutes les plaques employées ont la même
sensibilité spectrale, sans quoi cette différence de log n'aurait pas
une valeur constante, et aussi celle que les deux radiations choisies
restent, dans l'émission du Soleil, dans un rapport constant.

Les mesures de Dobson et de ses collaborateurs ont été poursuivies
pendant plusieurs années et faites en un certain nombre de stations

des deux hémisphères [17, 46, 47]. Elles confirment l'existence des
variations que nous avions observées, qui se trouvent être beaucoup

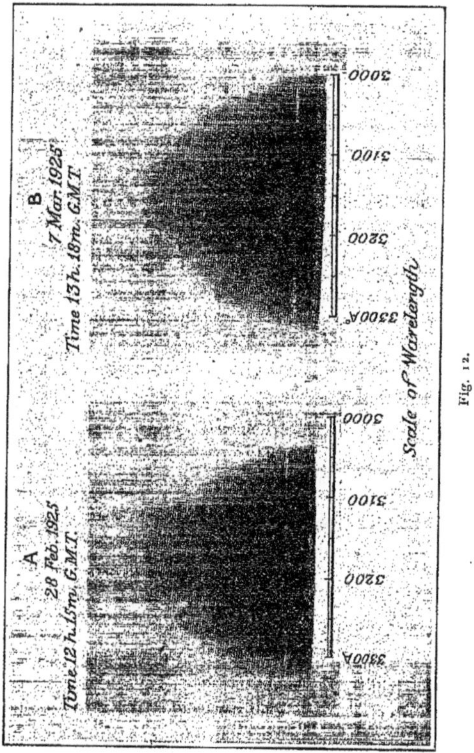

plus importantes que nous ne l'avions trouvé dans nos premières
mesures, poursuivies pendant peu de temps.

La même conclusion se dégage de la comparaison avec les mesures faites à Marseille [49] par Buisson, en 1927 et 1928, dont la technique a été indiquée plus haut, bien que les appareils et les méthodes de calcul fussent différents des procédés de Dobson. Il est intéressant de comparer les mesures faites en même temps en des lieux différents. C'est ce qu'on peut faire au moyen des mesures de Buisson et de celles de Götz, un des collaborateurs de Dobson, à Arosa (Suisse). La figure 13 donne les courbes de variation aux deux stations; la concordance est aussi bonne qu'on peut le désirer. De plus, cet accord, malgré les différences des deux stations. l'une au niveau de la mer, dans une atmosphère humide, avec les poussières et les fumées d'une ville industrielle, alors que l'autre est à une altitude de 1800ᵐ, dans des conditions de pureté atmosphérique remarquables, cet accord fait disparaître toute interprétation de la limitation du spectre solaire par des phénomènes de la basse atmosphère et ne laisse d'autre explication que celle de la présence de l'ozone.

Enfin, si l'on compare, en chacune des deux stations, les moyennes des années 1927 et 1928, on constate, à Arosa aussi bien qu'à Marseille, que les résultats de 1927 sont supérieurs à ceux de l'année suivante de $0^{mm},16$. On peut donc en conclure avec certitude que l'épaisseur d'ozone a été un peu plus faible cette seconde année.

L'ensemble des mesures faites sous la direction de Dobson montre [47] que la quantité d'ozone est soumise d'abord à une grande variation annuelle, qui présente un maximum en mars-avril et un minimum en septembre-octobre avec une amplitude qui atteint environ 30 pour 100 de la valeur moyenne. Cette oscillation annuelle croît avec la latitude, en même temps que la valeur moyenne. Elle décroît vers l'équateur, si bien que la quantité d'ozone y est sensiblement constante et égale à $0^{mm},200$. Il y a inversion pour l'hémisphère austral.

On observe, d'autre part, des variations en apparence irrégulières que Dobson a montré être en relation avec les conditions météorologiques. Lors du passage d'une dépression cyclonique, il y a accroissement de la quantité d'ozone dans la région immédiatement à l'ouest du centre, avec diminution moins marquée à l'est. Dans l'anticyclone, la quantité d'ozone est partout en dessous de la moyenne et il y a peu de différence entre les divers points. Il semble, d'autre

CH. FABRY ET H. BUISSON.

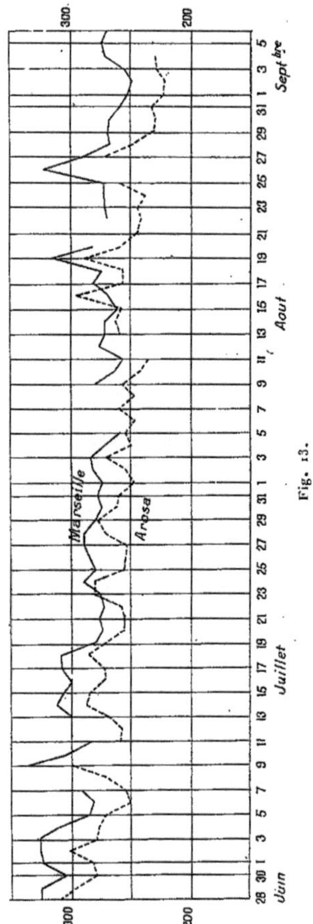

Fig. 13.

part, y avoir des relations entre l'ozone et les conditions atmosphériques des couches d'air situées à assez grande altitude.

27. Mesure de la quantité d'ozone au moyen des bandes de Chappuis. — On a expliqué plus haut comment Cabannes avait pu mettre en évidence, dans le spectre solaire, les bandes d'absorption de l'ozone situées dans le spectre visible, en étudiant les mesures spectrobolométriques de Abbot et Fowle [14]. Cela permet [52], naturellement, de déterminer la quantité d'ozone; or, comme les mesures de la Smithsonian Institution ont été poursuivies pendant un certain nombre d'années, on a ainsi un moyen permettant de mesurer l'ozone atmosphérique dans le passé.

On retrouve la variation annuelle découverte par Dobson.

Il y a aussi des variations d'année en année. On peut se demander si elles sont en relation avec la période solaire; jusqu'ici, aucun résultat certain n'a pu être obtenu.

Des essais sont actuellement en cours, sous la direction de Cabannes, pour mesurer quotidiennement la quantité d'ozone par des observations dans le spectre visible.

28. Mesures nocturnes de la quantité d'ozone. — Pour la recherche des causes de la formation de l'ozone, il est utile d'avoir des mesures de la quantité d'ozone pendant la nuit afin de savoir, par comparaison avec les mesures diurnes, si le rayonnement solaire influe sur cette quantité.

Des mesures nocturnes ont été obtenues par Chalonge [50], en utilisant la lumière de la Lune, à peu près comme on utilise celle du Soleil dans les observations diurnes. Toutefois, comme le rayonnement lunaire est beaucoup plus faible que celui du Soleil, il faut employer un appareil plus lumineux et les mesures ne peuvent pas être faites aussi loin dans l'ultraviolet. L'appareil dispersif est un spectrographe simple, à optique de quartz, formé de deux prismes de 60° et de deux lentilles ouvertes à $f/12$, ayant 30^{cm} de distance focale. En avant du collimateur de ce spectrographe, et dans son prolongement, se trouve une sorte de lunette formée d'un objectif en quartz et d'une lentille achromatique en quartz-fluorine, qui projette une image réelle de la Lune sur la lentille du collimateur en même temps qu'une image de l'objectif sur la fente. Tout l'appareil est dis-

posé sur une monture équatoriale et dirigé directement sur l'astre
étudié. A travers une atmosphère pure, on obtient en 15 secondes de
pose un spectre de la lumière lunaire qui s'étend jusqu'à 3050 Å.

Pour éviter toute erreur systématique dans la comparaison entre le
jour et la nuit, on fait sur la même plaque et avec les mêmes durées
de pose des observations diurnes sur le Soleil et des observations
nocturnes sur la Lune, les unes et les autres avec diverses distances
zénithales de l'astre ; naturellement, la lumière solaire doit être fortement affaiblie, ce que l'on obtient en interposant des écrans formés
de couches photographiques détachées de leur support de verre.

Après quelques essais, Chalonge a dû renoncer à faire des mesures
à Paris où les belles journées sont trop rares, et où les résultats sont
trop incertains à cause de la brume et des fumées. Il a pu faire de
bonnes déterminations avec Götz, en février et mars 1929 à Arosa
(Suisse), à 1856ᵐ d'altitude [51].

Le résultat final de ces mesures est qu'il n'existe aucune différence
systématique entre les quantités d'ozone la nuit et le jour. Pendant
les périodes où les jours consécutifs donnent des quantités d'ozone
constantes, on trouve la même quantité pendant la nuit ; pendant les
périodes variables, les variations se poursuivent la nuit.

29. Cause de la formation de l'ozone et de ses variations. —
Puisque l'ozone existe surtout dans les très hautes régions de l'atmosphère, on est amené à penser qu'il se forme par une action venue de
l'extérieur et à se demander quelle peut être cette action capable de
transformer l'oxygène en ozone.

On sait que les radiations de très courte longueur d'onde, au-dessous de 2000 Å, transforment l'oxygène en ozone, en même temps
qu'elles sont fortement absorbées par l'oxygène. Il n'y a aucune
invraisemblance à admettre la présence de ces radiations dans le
rayonnement émis par le Soleil ; elles doivent produire de l'ozone,
mais seulement dans la très haute atmosphère à cause de la forte
absorption qui les empêche de pénétrer au-dessous des toutes premières couches. C'est ainsi que la radiation 1850 est complètement
absorbée par une dizaine de mètres d'air à la pression atmosphérique ;
en admettant que la composition de l'air soit constante et en appli-
quant la loi exponentielle de diminution de la densité, on en conclut

que cette radiation est incapable de pénétrer à une altitude moindre que 40^{km}.

D'autre part, les radiations ultraviolettes de la région comprise entre 2200 et 3000 Å environ, fortement absorbées par l'ozone, décomposent ce gaz. Entre ces deux actions inverses, peut s'établir un état d'équilibre, et la quantité d'ozone doit dépendre de la proportion relative des intensités de ces deux régions spectrales; elle pourrait ainsi être liée au rayonnement solaire et à ses variations, et ceci pourrait expliquer des variations d'allure accidentelle, indépendantes des conditions météorologiques, si toutefois elles ont lieu à la fois sur toute la surface terrestre.

Mais il resterait les grandes variations saisonnières, l'influence de la latitude, et la constance de la quantité d'ozone lorsqu'on passe du jour à la nuit en un lieu donné; cette dernière circonstance tendrait à faire supposer que le rayonnement solaire n'est pour rien dans la formation ou la destruction de l'ozone. La question a été soigneusement étudiée par Chapman [60], qui examine les équilibres, sous l'action du rayonnement, des atomes ou molécules O, O^2 et O^3. Il faut tenir compte du fait que l'ozone une fois formé, la molécule O^3, plus lourde que celle d'oxygène, doit tendre à descendre; mais cette chute est très lente, comme l'a montré Rocard [54]. La conclusion de Chapman est que l'on ne peut pas se prononcer sur la possibilité ou l'impossibilité d'expliquer la formation de l'ozone par l'influence du rayonnement solaire.

D'autre part, le bombardement par des charges électriques venant du Soleil, qui explique les aurores polaires, peut être une cause de production d'ozone dans la haute atmosphère. On sait, en effet, que les rayons cathodiques produisent de l'ozone lorsqu'ils se propagent dans l'air après être sortis du tube vide où ils ont pris naissance.

En somme, la cause de la formation de l'ozone dans la haute atmosphère n'est pas encore connue avec certitude.

30. **Influence de l'ozone sur l'équilibre thermique de l'atmosphère.** — Toute l'énergie rayonnante absorbée par l'ozone de la haute atmosphère est transformée en énergie calorifique; il en résulte un dégagement de chaleur qui n'est pas négligeable. En admettant que le rayonnement solaire soit identique à celui du corps noir à 6000°K., Cabannes [11] calcule que l'ozone absorbe environ

4 pour 100 du rayonnement solaire lorsque le Soleil est au zénith.

Il doit en résulter, pour la très haute atmosphère, une température beaucoup plus élevée que celle de la stratosphère. La question a été étudiée théoriquement par Gowan [55], qui a donné une courbe de répartition des températures aux grandes altitudes. Des observations sur la propagation du son à grande distance et sur le bruit des bolides conduisent, en effet, à admettre que la vitesse du son augmente avec l'altitude et que, par suite, si l'on admet la constance de composition de l'air des hautes couches, la température va en croissant à partir d'une certaine hauteur. Les observations de Whipple [60] confirment à peu près les résultats de Gowan; vers 40^{km}, on trouverait une température voisine de celle du sol, et encore plus haut, peut-être vers 56^{km}, une température de $380°K$. (environ $100°C$.).

D'autre part, l'ozone doit absorber une partie du rayonnement infrarouge émis par la Terre. La température du corps rayonnant étant peu élevée, ce rayonnement doit être formé surtout de radiations de grande longueur d'onde; si l'on suppose applicables les lois de rayonnement du corps noir, le maximum de la courbe spectrale d'intensité doit être aux environs de 10^{μ}; il y a justement là une bande d'absorption de l'ozone, dans une région spectrale où ni la vapeur d'eau, ni le gaz carbonique ne sont fortement absorbants, en sorte que la bande de l'ozone *bouche un trou* dans la courbe spectrale de l'absorption atmosphérique. Cette absorption doit avoir pour effet de diminuer le rayonnement total de la Terre vers l'espace pendant la nuit, et par suite de rendre plus faible l'abaissement nocturne de la température par un effet analogue à celui des vitres d'une serre. La question a été examinée, en particulier par A. Angström [60], qui conclut à une influence de l'ozone sur les conditions climatologiques de la Terre.

31. Variations de l'ozone de la basse atmosphère. — D'après les analyses chimiques, la basse atmosphère contient une proportion d'ozone de l'ordre de 2^{mg} par 100^{m3}. Les chimistes de l'Observatoire de Montsouris ont effectué un dosage chaque jour, de 1875 à 1908 [39]. Les moyennes mensuelles des nombres ainsi trouvés montrent une variation régulière à travers l'année.

Récemment, MM. Lepape et Colange [56] ont remarqué que ces moyennes mensuelles suivent une marche analogue à celle trouvée

par Dobson pour l'ozone de la haute atmosphère. C'est ce que montre
le diagramme suivant (*fig.* 14), où sont tracées deux courbes, l'une
relative à la quantité moyenne d'ozone pour chaque mois trouvée à
Montsouris pendant 28 ans (1877-1904), l'autre, l'épaisseur de la
couche totale d'ozone mesurée par l'absorption atmosphérique à
Arosa (Suisse: altitude, 1856ᵐ), pendant l'année 1927.

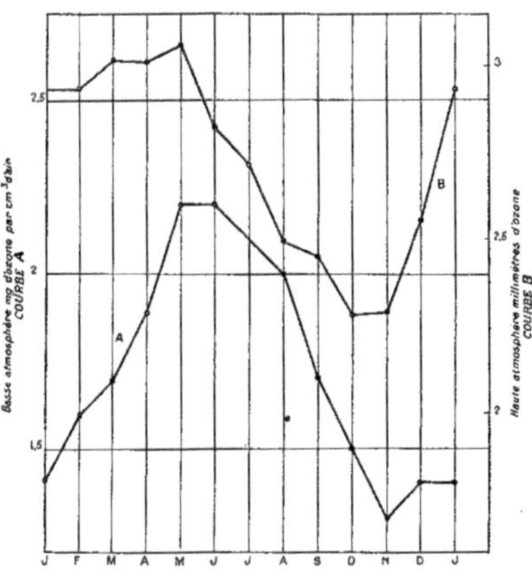

Fig. 14.

Il y a donc une relation entre la quantité d'ozone présente dans la
très haute atmosphère et celle qui existe dans la basse atmosphère.
Les dosages d'ozone à Montsouris ont été interrompus depuis plusieurs années, probablement parce que l'atmosphère de Paris, de plus
en plus souillée par les fumées, est devenue trop défavorable à l'étude
des phénomènes naturels. De nouvelles séries de mesures chimiques
dans de meilleures conditions seraient certainement utiles.

INDEX BIBLIOGRAPHIQUE.

1. Cornu. — Sur l'absorption atmosphérique des radiations ultraviolettes (*Journal de Physique*, 1re série, 10, 1881, p. 5).
2. Cornu. — Sur la limite ultraviolette du spectre solaire, etc. (*C. R.* 111, 1890, p. 941).
3. Hartley. — On the absorption spectrum of ozone (*Journal of the Chemical Society*, 39, 1881, p. 57).
4. Hartley. — On the absorption of solar rays by the atmospheric ozone (*Journal of the Chemical Society*, 39, 1881, p. 111).
5. Miethe et Lehmann. — Ueber das Ultraviolette Ende des Sonnenspektrums (*Sitzungsberichte der kgl preussischen Akademie der Wissenschaften zu Berlin*, 1909, p. 268).
6. Wigand. — Das Ultraviolette Ende des Sonnenspektrum in verschiedenen Höhen bis 9000^m (*Verhandlungen der Deutschen physikalischen Gesellschaft*, 15, n° 21, 1913, p. 1090).
7. Fabry et Buisson. — L'absorption de l'ultraviolet par l'ozone et la limite du spectre solaire (*Journal de Physique*, 5e série, 3, 1913, p. 196).
8. Fabry et Buisson. — Étude de l'extrémité ultraviolette du spectre solaire (*Journal de Physique*, 6e série, 2, 1921, p. 197).
9. Fabry et Buisson. — A study of the ultraviolet and of the solar spectrum (*Astrophysical Journal*, 54, 1921, p. 297).
10. Cabannes et Dufay. — Transparence de l'atmosphère dans le spectre visible: diffusion moléculaire; absorption par l'ozone (*Journal de Physique*, 6e série, 7, 1926, p. 257).
11. Cabannes. — Le bleu du ciel et la transparence de l'atmosphère (*L'Astronomie*, 39, 1925, p. 457).
12. Bouguer. — Essai d'optique sur la gradation de la lumière, 1729 (réimprimé chez Gauthier-Villars, 1921).
13. Langley. — On the amount of the atmospheric absorption (*American Journal of Science*, 3e série, 28, 1884, p. 163).
14. *Annals of the astrophysical observatory of the Smithsonian Institution of Washington*, passim (Travaux de Langley, Abbot, Fowle).
15. Buisson et Fabry. — Lois du noircissement des plaques photographiques (*Revue d'Optique*, 3, 1924, p. 1).
16. Dobson, Griffith et Harrisson. — Photographic photometry. Clarendon Press, Oxford, 1926.
17. Dobson. — Measurements of the Sun's ultraviolet radiation and its absorption by the earth's atmosphere (*Proceedings of the Royal Society*, A, 104, 1923, p. 252).

18. Peskov. Quantitative light filters for the ultraviolet part of the spectrum. (*Journal of Physical Chemistry*, 21, 1917, p. 386).

19. Lambert, Déjardin et Chalonge. — Nouveau spectrographe double destiné à l'étude de l'ultraviolet lointain (*Revue d'Optique*, 3, 1924, p. 277).

20. Van Cittert. — Un monochromateur de grande luminosité et avec peu de lumière diffuse (*Revue d'Optique*, 2, 1923, p. 57).

21. Chalonge et Lambrey. — Le tube à hydrogène, source de spectre continu dans l'ultraviolet (*Revue d'Optique*, 8, 1929, p. 332).

22. Edgar Meyer. — Ueber die Absorption der ultravioletten Strahlung in Ozon (*Annalen der Physik*, 12, 1903, p. 849).

23. Krüger et Moeller. — Ueber die Absorption der ultravioletten Strahlung in Ozon und ihre Verwendung zur Bestimmung geringer Ozonkonzentration (*Physikalische Zeitschrift*, 13, 1912, p. 729).

24. Lüechli. — Zur Absorption der ultravioletten Strahlung in Ozon (*Zeitschrift für Physik.*, 53, 1929, p. 92, et *Helvitica Physica Acta*, 1, 1928, p. 208).

25. Huggins. — A new group of lines in the photographic spectrum of Sirius. (*Proceedings of the Royal Society*, 48, 1890, p. 216).

26. Ladenburg et Lehmann. — Ueber das Absorptionsspektrum des Ozons (*Berichte des Deutschen Physikalischen Gesellschaft*, 1906, p. 125). Ueber Versuche mit hochprozentigen Ozon (*Annalen der Physik*, 21, 1906, p. 305).

27. Fowler et Strutt. — Absorption bands of atmospheric Ozone in the spectrum of sun and stars (*Proceedings of the Royal Society*, A, 93, 1917, p. 577).

28. Shaver. — On the absorption spectrum of liquid and gazeous oxygen (*Proceedings of the Royal Society of Canada*, 15, Section III, 1921, p. 5).

29. Chalonge et Lambrey. — Structure de la bande ultraviolette de l'ozone (*C. R. Acad. Sc.*, 184, 1927, p. 1165).

30. Chappuis. — Étude spectroscopique sur l'ozone (*Annales de l'École Normale supérieure*, 11, 1882, p. 137, et *Journal de Physique*, 2ᵉ série, 1, 1882, p. 484).

31. Colange. — Étude de l'absorption par l'ozone dans le spectre visible (*Journal de Physique*, 6ᵉ série, 8, 1927, p. 254).

32. M. et Mᵐᵉ Dutheil. — L'absorption de la lumière par l'ozone entre 3050 et 3400 (région des bandes de Huggins) (*Journal de Physique*, 6ᵉ série, 7, 1926, p. 314).

33. Duclaux et Jeantet. — La limitation du spectre ultraviolet (*Journal de Physique*, 4, 1923, p. 115).

34. Lambert, Déjardin et Chalonge. — Sur l'extrémité ultraviolette du spectre solaire et la couche d'ozone de la haute atmosphère (*C. R. Acad. Sc.*, 183, 1926, p. 800).

35. Cabannes. — Sur la transparence de l'atmosphère (*C. R. Acad. Sc.*, 179, 1924, p. 191).

36. Lambert, Déjardin et Chalonge. — Essai de mise en évidence, à haute altitude, d'un rayonnement solaire dans l'ultraviolet lointain (*C. R. Acad. Sc.*, 177, 1923, p. 757).

37. LESPIEAU. — Étude du pouvoir oxydant de l'air sur un mélange d'iodure et d'arsénite de potassium en divers points du Mont Blanc (*Bulletin de la Société chimique*, 3ᵉ série, 1906, p. 616).

38. LINDHOLM. — Extinction des radiations solaires dans l'atmosphère terrestre (*Nova acta regiae Societatis scientiarum Upsaliensis*, 4ᵉ série, 3, n° 6, 1913).

39. *Annuaire de l'Observatoire de Montsouris*, 1875 à 1900; *Annales de l'Observatoire municipal*, 1900 à 1909.

40. PRINC. — The occurence of ozone in the upper atmosphere (*Proceedings of the Royal Society*, 90, 1914, p. 204).

41. R. J. STRUTT. — Ultraviolet transparency of the lower atmosphere and its relative poverty in ozon (*Proceedings of the Royal Society*, 94, 1918, p. 260).

42. CABANNES et DUFAY. — Mesure de l'altitude de la couche d'ozone dans l'atmosphère (*C. R. Acad. Sc.*, 181, 1925, p. 302).

43. CABANNES et DUFAY. — Mesure de l'altitude et de l'épaisseur de la couche d'ozone dans l'atmosphère (*Journal de Physique*, 6ᵉ série, 8, 1927, p. 125).

44. Mc LENNAN, RUEDY et Mrs KROTKOV. — On the altitude of the ozone layer (*Transactions of the Royal Society of Canada*, 22, 1928, p. 293).

45. GÖTZ et DOBSON. — Observations of the height of ozone in the upper atmosphere (*Proceedings of the Royal Society*, A, 120, 1928, p. 251).

46. DOBSON, HARRISON et LAWRENCE. — Measurements of the amount of ozone in the earth's atmosphere and its relation to other geophysical conditions (*Proceedings of the Royal Society*, A, 110, 1926, p. 660; 114, 1927, p. 521; 122, 1929, p. 456).

47. DOBSON. — L'ozone atmosphérique (*Journal de Physique*, 6ᵉ série, 10, 1929, p. 241).

48. BUISSON et JAUSSERAN. — Sur les variations de l'ozone dans l'atmosphère (*C. R. Acad. Sc.*, 182, 1926, p. 232).

49. BUISSON. — Mesures de l'ozone de la haute atmosphère pendant l'année 1927 (*C. R. Acad. Sc.*, 186, 1928, p. 1229); *Id.* pendant l'année 1928 (*C. R. Acad. Sc.*, 188, 1929, p. 647).

50. CHALONGE. — Étude de la couche d'ozone de la haute atmosphère pendant la nuit (*C. R. Acad. Sc.*, 186, 1928, p. 446).

51. CHALONGE et GÖTZ. — Mesures diurnes et nocturnes de la quantité d'ozone contenue dans la haute atmosphère (*C. R. Acad. Sc.*, 189, 1929, p. 704).

52. CABANNES et DUFAY. — Les variations de la quantité d'ozone contenue dans l'atmosphère (*Journal de Physique*, 6ᵉ série, 8, 1927, p. 355).

53. FOWLE. — The non-selective transmissibity of radiation through dry and moist air (*Astrophysical Journal*, 38, 1913, p. 392).
Avogadro's constant and atmospheric transparency (*Astrophysical Journal*, 40, 1914, p. 435).

54. ROCARD. — Chute d'un gaz lourd dans un gaz léger. Stabilité de l'ozone de la haute atmosphère (*C. R. Acad. Sc.*, 188, 1929, p. 1336).

55. GOWAN. — The effect of ozone on the temperature of the upper atmosphere (*Proceedings of the Royal Society*, A, 120, 1928, p. 655).

56 Lepape et Colange. — Relation entre les titres en ozone de l'air du sol et
de l'air de la haute atmosphère (*C. R. Acad. Sc.*, 189, 1929, p. 53).

57. Fabry. — The absorption of radiation in the upper atmosphere (*Proceedings
of the Physical Society*, 39, 1926, part 1).

58. Fowle. — Atmospheric ozone, its relation to some solar and terrestrial
phenomena (*Smithsonian miscellaneous collections*, 81, n° 11, 1929).

59. Dawson, Granath et Hulburt. — The attenuation of ultraviolet light by
the lower atmosphere (*Physical Review*, 34, 1929, p. 1929, p. 136).

60. Rapport de la réunion de l'ozone et de l'absorption atmosphérique, mis en
ordre par Ch. Fabry (*Gerlands Beiträge zur Geophysik*, 14, 1929, p. 1).

TABLE DES MATIÈRES.

CHAPITRE VI. — *Variations de la couche d'ozone et causes de sa production.*

89444-30. Paris. Imprimerie GAUTHIER-VILLARS et Cⁱᵉ, quai des Grands-Augustins, 55.

CONFÉRENCES-RAPPORTS DE DOCUMENTATION
SUR LA PHYSIQUE

Organisées avec le patronage du *Collège de France, du Muséum d'Histoire naturelle, de la Faculté des Sciences de Paris, de la Direction des recherches et inventions de l'Institut d'Optique, de la Société française de Physique. de la Société de Chimie-Physique, de la Société française des Électriciens, de la Société de Navigation aérienne.*

BLOCH (Eugène). — **Les phénomènes thermioniques.** Un volume in-8, 112 pages, 24 figures, cartonné...................... 20 fr.

BOSLER (Jean). — **L'évolution des étoiles.** Un volume in-8, 104 pages, 19 figures, cartonné..................... 20 fr.

BRILLOUIN (Léon). — **La théorie des Quanta et l'atome de Bohr.** Un volume in-8, 184 pages, 44 figures, cartonné.................. 25 fr.

BROGLIE (Maurice DE). — **Les Rayons X.** Un volume in-8, 164 pages, 3 planches, cartonné...................... 3o fr.

DUNOYER (Louis). — **La technique du vide.** Un volume in-8, 225 pages, 8 figures, cartonné...................... 25 fr.

GUTTON (Camille). — **La lampe à trois électrodes,** 2e édition. Un volume in-8 184 pages, 90 figures, cartonné.................. 25 fr.

LEBLANC Fils (Maurice). — **L'arc électrique.** Un volume in-8, 132 pages, 71 figures, cartonné...................... 20 fr.

MAUGUIN (Charles). — **La structure des cristaux par les rayons X.** Un volume in-8, 286 pages, 125 figures, cartonné.................. 3o fr.

CURIE (Mme Pierre). — **L'isotopie et les éléments isotopes.** Un volume in-8, 210 pages, cartonné...................... 3o fr.

DAUVILLIER (Alexandre). — **La technique des rayons X.** Un volume in-8, 210 pages, cartonné...................... 3o fr.

BLOCH (Léon). — **Ionisation et résonance des gaz et des vapeurs.** Un volume in-8, 224 pages, cartonné...................... 3o fr.

MESNY (René). — **Les ondes électriques courtes.** — Un volume in-8, 164 pages, 168 figures, cartonné...................... 3o fr.

HOLWECK (F.). — **De la lumière aux rayons X.** Un volume in-8, 144 pages, 97 figures dont 4 hors texte, cartonné...................... 3o fr.

LECOMTE (Jean). — **Le spectre infrarouge.** Un volume in-8...................... 75 fr.

SOUS PRESSE :

ERRERA (Jacques). — **Polarisation diélectrique.**

CABANNES (J.). — **La diffraction moléculaire de la lumière dans les fluides**

LIBRAIRIE GAUTHIER-VILLARS ET Cⁱᵉ
55, QUAI DES GRANDS-AUGUSTINS, PARIS (6ᵉ)

Envoi dans toute l'Union postale contre chèque ou valeur sur Paris.
Frais de port en sus. (Chèques postaux : Paris 29323). R. C. Seine, 22520.

Mémorial
des Sciences Mathématiques

DIRECTEUR : Henri VILLAT
Correspondant de l'Académie des Sciences,
Professeur à la Sorbonne,
Directeur du " Journal de Mathématiques pures et appliquées "

Volumes in-8 raisin (25×16) se vendant séparément :

Fascicules parus :

88444-30 Paris. — Imp. GAUTHIER-VILLARS et Cⁱᵉ 55, quai des Grands-Augustins.

www.ingramcontent.com/pod-product-compliance
Ingram Content Group UK Ltd.
Pitfield, Milton Keynes, MK11 3LW, UK
UKHW022114170726
13837UKWH00003B/1200